경북의 종가문화 31

거문고에 새긴 외금내고,
청도 탁영 김일손 종가

경북의 종가문화 31

거문고에 새긴 외금내고,
청도 탁영 김일손 종가

기획 | 경상북도 · 경북대학교 영남문화연구원
지은이 | 강정화
펴낸이 | 오정혜
펴낸곳 | 예문서원

편집 | 유미희
디자인 | 김세연
인쇄 및 제본 | 주) 상지사 P&B

초판 1쇄 | 2015년 2월 2일

주소 | 서울시 성북구 안암로 9길 13(안암동 4가) 4층
출판등록 | 1993년 1월 7일(제307-2010-51호)
전화 | 925-5914 / 팩스 | 929-2285
홈페이지 | http://www.yemoon.com
이메일 | yemoonsw@empas.com

ISBN 978-89-7646-330-2 04980
ISBN 978-89-7646-329-6 (전4권)
ⓒ 경상북도 2015 Printed in Seoul, Korea

값 24,000원

경북의 종가문화 31

거문고에 새긴 외금내고,
청도 탁영 김일손 종가

강정화 지음

예문서원

지난여름 두 달 동안은 '탁영'과의 동행이었다. 탁영과 함께 살았고, 탁영만을 생각했다. 처음에는 고매高邁한 명성에 짓눌려 한동안 망설였다. 직필의 사표, 불굴의 삶, 죽음도 두려워하지 않는 직간 등 듣기만 해도 목젖까지 묵직함이 느껴졌다. 그도 그럴 것이, 탁영은 무오사화戊午士禍의 촉발이 된 인물이다. 연산군의 패악한 정치가 있었다 하더라도 그 일로 인해 수많은 사람이 목숨을 잃었다. 서른다섯의 짧은 삶이 안타까우면서도, 한편으로는 고집스럽고 과격한 인물이었으리라는 선입견이 마음 한 켠에 남아 있었던 듯하다. 그는 이처럼 범접하기조차 어려운 사람으로 인식되었던 것이다.

그러나 필자가 만난 탁영은 우직愚直하면서도 유연柔軟한 사람이었다. 그의 생각과 정신은 '간약簡約' 그 자체였다. 잔꾀가 없었고, 요령을 부리지도 않았으며, 성급해하지도 않았다. 사욕은 더더욱 없었다. 그의 삶에는 '원칙'이 있었고, 그 원칙을 따르고자 애쓰는 우직한 '탁영'이 있을 뿐이었다.

그의 시대는 세조의 왕위 찬탈, 단종의 죽음 등 어두운 지난 역사가 불안을 감춘 채 겉으로는 아무 일도 없는 듯 평온한 치세였다. 탁영은 자고 일어나면 벼슬이 올라 있다고 할 만큼 성종의 신임을 받았다. 부귀와 영예를 누리며 한평생 편안히 보낼 수 있었음에도, 탁영은 그렇게 하지 않았다. 당대 지식인으로서의 의무와 소신을 잊지 않았다. 스승 김종직의 「조의제문弔義帝文」을 사초에 실었고, 소릉복위를 주청하였으며, 지방의 역사를 기록하는 기주관記注官의 설치를 주장하였다. 그리고 그는 당당하고 의연하게 죽음을 맞이하였다.

그와의 만남에서 여태껏 잘 알려지지 않았던 유연한 진취성과 예술적 감성을 확인한 것은 참으로 다행이었다. 그의 타고난 예술적 재능은 거문고와 음악에서 빛을 발하였고, 유연한 진취성은 거문고에 새긴 '외금내고外今內古'로 드러났다. '겉으로는 지금 시대를 따르며 소통하면서도, 안으로는 옛 성인聖人의 이상을 추구'하는 외금내고 정신! 진취적 기상과 패기를 발휘하면서도 그 근원은 언제나 성현의 가르침과 전통에 있음을 잊지 않았던 초기 사림의 정신이었다. 탁영의 삶이 그러하였다. 탁영가의 후손들은 이 '외금내고'의 가르침을 문중 정신으로 계승하며 면면히 이어 왔다. 이는 본고의 부제를 '거문고에 새긴 외금내고'라

한 까닭이다.

필자는 이 글을 위해 올여름 청도를 참 많이도 찾았다. 종가를 방문해 종손과 종부를 만났고, 탁영의 묘소 앞에 서서 굴곡 많았던 그의 역사에 눈시울을 붉히기도 하였다. 경관 좋은 삼족대에서는 계부를 역사에 남기려 무던히 애썼던 장조카 김대유를 만났다. 탁영의 강학처였던 운계정사에서는 한참을 서성였고, 탁영금을 만나서는 수백 년 세월에도 여전히 가락을 품고 있는 여섯 줄을 보며 그의 기상을 떠올렸다. 성종에게서 하사받았다고 전해지는 그의 벼루는 또 필자를 얼마나 애타게 했던가. 그 길에서 만난 탁영과의 동행은 행복했다. 그와 만나야 할 인연이었으리라.

원고를 몇 번이나 꼼꼼하게 읽어 주신 종손께 감사드리며, 영남문화연구원의 종가팀에도 고마움을 표한다. 끝으로 부족한 이 글이 수백 년 역사 속에서 만들어진 '탁영 김일손'이 아니라, 우직하고 유연한 '인간 김일손'을 이해하는 데 조금이나마 도움이 되기를 바란다. 무엇보다 '인간 김일손'이 추구했던 그 정신과 삶의 자세가 필자를 포함한 이 시대 후학들에게도 길이 계승되기를 염원해 본다.

2014년 9월
강정화

차례

제1장 종가의 입지와 형성

1. 청도 백곡에 터를 잡다

    경상북도 청도군 화양읍 토평 1리 백곡마을. 예로부터 잣나무가 많아 '백곡栢谷'으로 불렸다는 이곳은, 동·서·북쪽 삼면이 야트막한 산으로 둘러싸인 소쿠리 형국의 그리 크지 않은 마을이다. 옥가락지처럼 둥그런 지형 속에 박혀 있는 동네라 하여 '박곡'이라 불렸는데, 후에 '백곡'으로 바뀌었다고도 전한다.

    남쪽으로 트였다고는 하나 밖에서 들여다보면 마을이 보이지 않는다. 이 때문에 처음 이곳을 찾는 사람들을 적잖이 당혹스럽게 하곤 한다. 하지만 막상 마을 안으로 들어서면 눈높이에 얼추 맞춘 산세가 에두른 평지에 50호 남짓의 기와집이 모여 있다. 마치 어미 닭이 새끼를 품듯, 외부와 차단하려 누군가 일부러 빙

두른 산세 속에 마을을 감추어 둔 듯한 착각마저 들게 한다. 안온한 마음으로 차분히 수양하기에 안성맞춤이다. 『청도군지淸道郡志』에 의하면, 이곳 토평리 백곡은 그 옛날 가야시대 이서국伊西國의 왕성王城이 있던 자리라고 한다. 야산에는 아직도 산성山城 터가 남아 있다고 알려져 있으나, 정확하게 어디까지인지는 알 수 없다.

마을 입구에서 남쪽으로 조금만 내려오면 동·서·남향의 시야가 툭 트인 너른 화양華陽 들판이 펼쳐져 있다. 한눈에 보아도 대를 이은 만석지기가 여럿 나올 법한, 꽤나 널찍하고 비옥한 들이다. 실제 대대로 숱한 만석꾼을 배출했다고 전한다. 바라보는 것만으로도 여유와 넉넉함이 절로 밀려든다.

그 화양 들 너머로 청도천淸道川이 흘러간다. 청도천은 백곡마을의 서북쪽에 있는 비슬산에서 발원하여 남쪽으로 흘러와 화양 들을 지나고, 청도읍을 휘감아 동남쪽으로 흘러가서 밀양강에 닿는다. 서출동류西出東流에 해당하는 형국이다. 풍수風水에서는 '서출동류라면 똥물도 약이 된다' 고 할 만큼 길지라고 한다. 청도천의 풍부한 수량이 화양 들을 비옥하게 하였고, 이것이 결국 이곳 사람들의 삶과 정신을 넉넉하고 여유롭게 했으리라.

이처럼 유구한 역사가 서려 있고, 게다가 마음의 평정과 삶의 여유 속에서 호방한 기상을 함양하기에 적합한 백곡마을. 그 한가운데에 김해김씨金海金氏 삼현파三賢派의 한 사람인 탁영濯纓

종택 전경 (디지털청도문화대전, 한국학중앙연구원, 2013)

청도천과 화양 들판 (디지털청도문화대전, 한국학중앙연구원, 2013)

김일손金馹孫(1464~1498) 종택이 자리하고 있다. 종택은 남향으로 자리하고 있으며, 주위에 지손支孫들이 집성촌을 이루어 살고 있다. 현재 탁영의 18대 종손 김상인金相仁(49년생)과 종부 김시민(55년생)이 종택을 지키고 있다.

김해김씨는 가락국의 왕통을 연 김수로왕을 시조로 하고, 수로왕의 12세손 김유신金庾信을 중시조로 하고 있다. 백곡의 김해김씨는 김유신의 여러 직계 종파 중에서 '삼현파'로 일컬어진다. '삼현'은 탁영의 조부 김극일金克一(1382~1456), 김일손, 탁영의 장조카 김대유金大有(1479~1552)를 가리킨다. 탁영 사후 그를 독향獨享하던 자계서원紫溪書院이 임진왜란 때 소실되었고, 1615년 중건하면서 김극일과 김대유를 함께 봉안하였다. 이때 한강寒岡 정구鄭逑(1543~1620)가 쓴 「자계서원에 세 분 선생을 함께 봉안할 때 올린 제문」(紫溪書院三先生奉安祝文)이 전한다. 정구는 '한 집안에서 4대에 걸쳐 이처럼 세 현인이 나오는 것은 드문 일'이라 칭송하였다. 언제부터 이들 문중을 '삼현파'라고 일컬었는지는 정확하지 않다. 대개 이때부터 이들 세 사람에 의해 '김해김씨 삼현파'로 불리었으리라 추정하고 있다. 이 가운데에서도 특히 탁영의 후손을 '김해김씨 삼현파 탁영 종중'이라 일컫는다.

부친 김맹

탁영의 선대는 고려 말 판도판서版圖判書를 지낸 관管(1250~1345)을 중시조로 한다. 김관의 아들 문숙文淑(1293~1348)은 경덕재생經德齋生이었고, 김문숙의 아들 항伉(1326~1382)은 도제고판관都祭庫判官을 지냈다. 김항은 자가 이정而正, 호가 둔옹遯翁으로, 일찍이 포은圃隱 정몽주鄭夢周(1337~1392)와 교유하였다. 이가 바로 탁영의 고조이다. 김대유가 쓴 『탁영선생연보濯纓先生年譜』에 의하면, 김항이 청도 운계리雲溪里를 지나가다가 그곳의 산수가 맑음을 좋아하여 처음 터를 잡아 살았고, 이후 후손들이 세거하게 되었다고 한다.

탁영의 조부 김극일은 효행으로 이름났다. 야은冶隱 길재吉再(1353~1419)의 문하에서 수학하였고, 효행으로 정려旌閭를 받았다. 그는 여섯 아들을 두었는데, 그중 둘째 아들 남계南溪 맹盟(1410~1483)이 바로 탁영의 부친이다.

탁영가의 김해김씨가 처음 청도에 자리한 곳은 화양읍 서원리書院里였다. 서원리는 당시 운계리로 불리었고, 삼현파를 향사享祀하는 자계서원이 위치한 바로 그곳이다. 탁영이 생전에 학문을 닦던 강학처가 현재 자계서원 내 운계정사雲溪精舍 자리였고, 그때 세운 영귀루詠歸樓가 숱한 세월 속에서도 여전히 그 자리를 지키고 있다. 그가 소요하던 탁영대濯纓臺와 천운담天雲潭 또한 동쪽으로 그리 멀지 않은 곳에 위치하고 있다.

서원리의 탁영가를 백곡으로 옮긴 것은 부친 남계공이었다. 17세기 청도의 대표학자 수헌壽軒 이중경李重慶(1599~1678)이 쓴 『오산지鰲山志』에는 탁영의 부친 때 탁영가를 지금의 토평리로 옮겼다고 전한다. 이유는 자세하지 않다. 아마 외부에 노출되지도 않고 게다가 화양 들의 비옥한 토지로 인해 사람이 살기에는 더없이 좋은 백곡마을의 자연환경이 크게 영향을 미쳤으리라 추측할 뿐이다. '오산'은 '청도'의 별칭이며, 『오산지』는 이중경이 1673년에 편찬한 최초의 사찬私撰 청도 읍지邑誌이다.

김맹은 길재의 문인 강호江湖 김숙자金叔滋(1389~1456)를 사사師事하였다. 고조 김항은 정몽주와 교유하였고, 조부 김극일은 길재에게 배웠다. 김맹은 김숙자의 아들 점필재佔畢齋 김종직金宗直(1431~1492)과 도의道義로 사귀었고, 성품이 청렴하고 명리名利에 초연하여 늘 벗의 외경畏敬을 받았다. 탁영은 점필재의 문하에 나아가 배웠다. 이로써 탁영가의 가학家學이 정몽주—길재—김숙자—김종직으로 이어지는 영남 사림의 학맥과 깊이 관련되어 있음을 확인할 수 있다. 그 중심에 부친 김맹이 있었다.

김맹은 또한 황희黃喜(1363~1452)의 문도였다. 탁영선생숭모사업회에서 2012년 11월에 발간한 국역본 『탁영선생문집』에는 현전하는 김맹의 유일한 유작遺作 1편이 실려 있다. 제목은 「나라에서 반포하는 『배자예부운략』의 서문」(聖朝頒降排字禮部韻略序)이

다. 탁영이 태어나던 1464년에 지었다. 『배자예부운략』은 사성四
聲의 음운音韻별로 배열하여 간략하게 만든 한자 자전字典이다.
조선은 과거시험의 체계를 잡기 위해 예조禮曹에서 통일된 자전
을 발행했다. 특히 태종 때 황희가 이의 필요성을 절감하고 출간
하여 널리 확산시키려 했는데, 미처 완간하지 못하고 세상을 떠
났다. 그런데 청도군수로 부임한 황희의 손자 황의지黃義止가 치
세治世의 일환으로 이를 출간하였고, 그때 김맹이 '황희의 문도
로서 저간의 사정을 잘 안다' 는 이유로 서문을 쓰게 되었다.

　김맹은 1441년(세종 23) 식년문과에 급제하여 출사하였다. 김
천도찰방 · 예조좌랑을 거쳐 1451년(문종 1)에는 평안도도사를 역
임하였고, 고령현감 · 오위도총부경력을 역임하였다. 성종 초 사
헌부집의에 올랐다가 퇴직하고는 향리로 돌아와 조상의 사적事
蹟을 정리하고 자제를 훈육하는 것으로 일생을 마쳤다. 세종 · 문
종 · 단종 · 세조 · 성종 등 다섯 조정을 섬기는 동안 몇 차례 화란
禍亂에 빠질 뻔한 위기가 있었으나, 공정한 처사處事와 언행으로
무탈할 수 있었다.

　사실 탁영가의 김해김씨가 청도에 정착한 이후의 행적은 확
인되지 않는다. 무오사화戊午士禍(1498) 이후 가택 수색이 이루어
져 집안의 문건이 모두 압수당했고, 또 화를 당할까 두려워한 후
손들이 빌미가 될 만한 것들을 모두 없애 버렸기 때문이다. 게다
가 종중 후손들은 사화의 여파로 전국에 흩어져서 여러 대 동안

굴곡 많은 삶을 영위했기 때문에, 여느 집안처럼 기록을 보존하기가 쉽지 않았다. 따라서 부친 남계공과 탁영 당대의 몇몇 기록은 후대에 수습된 것이다. 그렇지만 이 기록에 의거해 저간의 사정을 대략이나마 확인할 수 있다.

출중한 삼형제

어머니 용인이씨龍仁李氏는 혼인날 밤에 신기한 꿈을 꾸었다. 준마駿馬 세 마리가 하늘로부터 내려와 세 줄기 청운靑雲으로 변하더니 자신의 품안으로 날아드는 것이었다. 그러고는 세 아들을 낳았다. 그 신몽神夢에 따라 세 아들의 이름에 모두 '말 마馬' 자를 넣어, 맏이는 준손駿孫(1454~1508), 둘째는 기손驥孫(1455~1492), 셋째는 일손馹孫이라 하였다. 그리고 세 아들의 자字를 모두 백운伯雲, 중운仲雲, 계운季雲이라 하였다.

탁영의 삼형제는 신몽 때문인지 모두 젊어서부터 뛰어난 자질로 두각을 드러내었다. 김준손과 김기손은 1482년 식년시式年試에서 차석과 장원을 차지하였고, 탁영 또한 그다음 식년시에 차석으로 합격하여 승문원부정자承文院副正字로 출사出仕하였다. 당시 김준손은 홍문관교리로, 김기손은 이조좌랑을 맡아 세 형제가 나란히 청요직淸要職을 차지하자, 사람들이 '김씨삼주金氏三珠'라 칭송하였다.

【탁영가의 세계도】

파조 派祖			관管
			↓
2세			문숙 文淑
			↓
3세			항忼
			↓
4세			서湑
			↓
5세			극일 克一
			↓
6세		건健 —	맹孟 — 용勇 — 순順 — 인韌 — 현鉉
7세	준손 駿孫 —	기손 驥孫 —	**일손** **馹孫**
	↓		↓
8세	대유 大有 —	大壯	대장 大壯
			↓
9세		갱鏗 —	장鏘
			↓
10세			치삼 致三
			↓
11세			선경 善慶
			↓
12세			즙濈 — 흡潝 — 낙洛 — 약瀹 — 양漾

김준손과 김기손의 과거 합격에 관한 재미있는 일화가 『성종실록』 13년(1482) 10월 24일조에 실려 있다. 당시 독권관讀券官 서거정徐居正(1420~1488)이 입격入格한 시권試券을 가지고 와서 아뢰니, 성종이 김기손 등 최종 급제자 11인을 뽑았다. 그러고는 즉시 1등과 2등을 차지한 두 형제를 불러 별도로 '후원에서 무사를 시험하다'(後苑試武士)라는 제목으로 부賦를 짓게 하였다. 김기손은 그때 병이 나서 글을 끝맺지 못했으나, 김준손은 곧바로 한 편을 완성하여 올렸다. 성종이 또 사서四書와 오경五經을 강講하도록 명하니, 김준손이 막힘없이 대답하였다. 그 기록 아래에 쓴 사신史臣의 논평을 눈여겨볼 만하다.

김기손은 본래 재주가 있다는 평판이 없었는데도, 그가 대답한 책문策文은 광대하고 전아典雅하고 강건剛健하였다. 근래의 과거시험장에서는 볼 수 없던 것이므로 세상 사람들이 매우 놀랐다. 서거정이 말하기를 "비록 옛날 작가의 반열에 두더라도 손색이 없을 것이다"라고 하였다.

탁영의 삼형제는 나란히 출사하여 자신의 능력을 맘껏 발휘하였다. 김준손은 홍문관검토관·수찬 등을 역임하면서 경연에서 성종과 함께 학문과 정치를 논하였다. 이후 이조정랑을 거쳐 1493년(성종 24) 함양군수로 부임하여 치적을 쌓았다. 김기손은

사헌부감찰·창녕현감·병조좌랑 등을 역임하였으나, 안타깝게
도 38세(1492)의 나이로 세상을 떠났다.

무한 신뢰

탁영은 주로 예문관·홍문관·사간원·사헌부에서 봉직하
였고, 언제나 춘추관기사관春秋館記事官 및 기주관記注官을 겸임하
였다. 언관言官과 사관史官을 겸임하였는데, 이는 성종의 무한 신
뢰에 바탕한 것이었다. 그는 자고 일어나면 벼슬이 올라 있다고
일컬을 만큼 젊은 나이에 요직을 맡으며 중앙정계에서 활동하였
다. 심지어 인사 문제를 다루는 이조전랑吏曹銓郎이 되었을 때 스
스로도 "소년등과少年登科가 나의 불행이다"라고 술회할 정도로
깊은 신임을 받았다. 탁영은 "지금 서른이 되기도 전에 예문관·
홍문관은 물론 사관을 겸직하고 이조전랑까지 올랐으니, 세상에
서는 청선淸選이라 말하지만, 나는 전하의 은총이 되레 두려울 뿐
이다"라고 하여, 수없이 사직하고 귀향할 것을 청하였다. 그러나
번번이 허락되지 않았다.
　이들 삼형제에 대한 성종의 총애는 무조건적이었다고 해도
과언이 아니었다. 이들은 당대에 가장 잘 나가는 혈기왕성한 젊
은 인재들이었다. 한 집안에서 한 인물을 내기 위해서는 삼대三代
가 공을 쌓아야 한다는데, 그것도 셋이 한 형제로 모여 있었다.

성종의 무한 신뢰에 관한 재미있는 이야기 한 토막을 소개한다.

　삼형제가 모두 노모 봉양을 핑계로 걸핏하면 벼슬을 사양하고 귀향할 것을 청하였다. 성종은 이들 형제가 아예 귀향을 입에 올리지 못하도록 궁궐 근처에 집을 하사하고 그곳에서 노모를 봉양하도록 명하였다. 흥인문興仁門 근처의 낙산駱山 아래 영천동靈泉洞에 있던 최항崔恒의 집을 내려 주었다. 최항은 집현전학사集賢殿學士 출신으로 세조 때 영의정을 지낸 인물이다. 그 역시 이 집을 하사받았는데 후사가 없어 반납한 상태였다. 성종은 애초에 이 집을 백형 김준손에게 하사하였다. 그런데 자꾸만 귀향을 고집하는 노모의 성화를 못 이긴 김준손이 결국 함양군수로 내려가자, 성종이 김일손에게 내려 주었다. 그야말로 탁영가에 대한 성종의 무한 신뢰였다고 할 수 있다. 백곡에 터를 잡은 탁영가는 부친을 거쳐 삼형제의 시대가 도래하면서 명문가로서의 위상을 확고히 하였던 것이다.

2. 남원에서 청도로 돌아오기까지

그렇게 무한 신뢰를 보내던 성종이 세상을 떠났다. 탁영이
31세 되던 1494년(성종 25) 겨울 11월의 어느 날이었다. 탁영은 실
성하여 통곡하고 울부짖었다.

하늘이여! 하늘이여! 진정 우리나라로 하여금 요순堯舜의 치세
를 다시는 보지 않게 하려는 것입니까? 어찌하여 이렇게까지
하십니까? 어찌하여 이렇게까지 하십니까?

탁영은 신병身病을 핑계로 사직을 청하기 시작하였다. 성종
의 죽음은 탁영 개인에게도 절망이었겠지만, 당대 지식인을 불안

과 좌절로 이끄는 시작이었다. 세자 시절부터 보아 온 신왕新王 (연산군)은 도대체 믿음이 가지 않았다. 그래서 마음은 더욱 조급 해졌다. 계속해서 퇴직을 청하였으나 윤허되지 않았다. 그렇다 고 치세에 대한 포기는 아니었다. 이런 음험한 불안에서 벗어나 고 싶었고, 무엇보다 새롭게 짜인 정국은 자신의 무대가 아니라 고 생각했다.

결국 "진언進言으로써 임금을 바르게 하지 못하고 구차스럽 게 녹봉을 먹는 자리만 채우고 있다"라고 스스로를 탄핵하고서 야 겨우 윤허를 받았다. 그러고는 하사받은 저택을 반환하는 글 을 올리고 집으로 돌아와 버렸다. 이후에도 연산군은 계속해서 관직을 제수하였고, 탁영 또한 노모의 병구환을 핑계로 사직을 계속하였다. 임금과 신하 간의 밀고 당기기는 이렇듯 한동안 반 복되었다.

그러는 사이 어머니마저 세상을 떠났다. 1498년 6월 탈상脫 喪을 하기까지 궁궐 쪽에서 들려오는 풍문은 걱정을 넘어 절망스 럽기까지 했다. 임금은 음탕과 포악함이 날로 심해져 정사政事를 잊고 유희를 즐기기만 하니, 종사宗社가 위태롭기 짝이 없었다. 이 시기에 「유월궁부遊月宮賦」를 지어 위안을 삼았다. 나라 돌아 가는 꼴이 마치 금金나라에 쫓겨나기 직전 송宋나라의 어지러운 상황과 같음을 노래한 이 작품은, 이 시기 탁영의 고뇌를 표현한 명작名作으로 꼽힌다. 그러나 어찌할 수가 없었다.

거상居喪 기간 동안 백형과 교대로 여막을 지키며 정성을 다했다. 그 탓인지 설상가상으로 몸에 따라다니던 고질병인 풍질風疾이 도졌다. 탁영은 병을 조양調養하고 불안정한 시국으로 인한 마음의 안정도 찾을 겸해서, 평소 눈여겨봐 두었던 경상도 함양의 청계정사青溪精舍로 내려왔다. 그곳에는 일두一蠹 정여창鄭汝昌(1450~1504)이 기다리고 있었다. 일두는 점필재 문하의 동문이자 정신적 지우知友였다. 그 역시 시절의 불안을 감지하고 있었다. 덕분에 두 사람은 날마다 만나 학문을 강마講磨하였고, 시절을 느꺼워하여 눈물을 흘리기도 하였다. 그러나 두 사람의 마음은 아랑곳하지 않고 결국 그날은 다가오고 있었다.

그날 이후

1498년(연산군 4) 7월 5일, 무오사화가 일어났다. 춘추관기사관이었던 탁영이 스승 김종직이 진사進士로 있을 때 단종端宗이 해를 당한 것을 보고 지은 「조의제문弔義帝文」을 사초史草에 실은 것이 발단이었다. 이 일로 탁영은 함양에서 체포되어 한양으로 압송되었고, 20여 일 만인 27일 극형에 처해졌다. 체포에서 처형까지 신속하게, 일사천리로 진행되었다.

그가 세상을 떠나던 날 천지가 대낮임에도 그믐밤같이 캄캄하고 폭우가 쏟아졌으며, 고향 청도의 운계는 3일 동안 핏빛으로 흘렀다고 한다. 이후 운계는 '자계紫溪'로 이름이 바뀌었다. 그와 정치적 뜻을 같이했던 영남 사림파가 대거 화를 당하였다. 훈구파와의 첫 격돌에서 사림파가 처절하게 참패를 보게 된 무오사화, 그 사건의 중심에 김일손이 있었다.

이 사건으로 인해 탁영가는 그야말로 풍비박산되고 말았다. 백형 김준손과 장조카 김대유는 전라도 남원 월곡月谷으로 유배되었고, 가산을 모두 적몰당한 것은 두말할 것도 없었다. "김일손과 이목李穆 등 죽은 자들의 집은 모두 땅을 깎아 평평하게 하라"라는 실록의 기록으로 보아, 온 집안이 초토화되었음을 짐작할 수 있다.

탁영은 15세 때 단양우씨丹陽禹氏와 혼인하였다. 그녀는 병조판서를 지낸 우극관禹克寬의 딸로, 역동易東 우탁禹倬(1263~1342)의 6세손이었다. 그러나 우씨부인은 혼인한 지 채 10년을 넘기지 못하고 후사 없이 세상을 떠났다. 탁영의 나이 24세(1487)였다. 이태가 지난 여름, 충청도 목천木川에서 예안김씨禮安金氏를 재취부인으로 맞이하였다. 그러나 김씨부인 또한 탁영과 10년을 해로하지 못하고 무오사화에 남편을 잃고 말았다.

김씨부인에게도 후사가 없었다. 사화가 일어났을 당시 김씨부인은 친정인 목천에 있었다. 탁영은 그해 여름 어머니의 탈상을 마친 후, 처가 부모의 병구환을 위해 부인을 목천에 보내고 함양으로 내려갔다가 한 달 만에 체포되었다. 김씨부인은 탁영이 화를 당한 후 우여곡절 끝에 목숨을 보전하여 남편의 거상을 마쳤다. 탈상하던 날 장조카 김대유가 남원에서 찾아왔다. 그녀는 김대유에게 당부하였다.

> 나는 자식이 없으니, 원컨대 너의 아우 대장大壯(1493~1549)으로 하여금 계부季父의 제사를 받들게 해 주기 바란다. 그리고 내가 죽거든 꼭 계부 곁에 묻어다오.

당부를 마친 부인은 그날로 조용히 숨을 거두었다. 1500년 7월 27일이었으니, 향년 31세였다. 7월 27일은 2년 전 탁영이 극형을 당해 세상을 떠난 날이었다.

그러나 김씨부인의 소망은 곧바로 이루어지지 못했다. 화를 당한 후 양주楊州 석교石橋 언덕에 임시 매장했던 탁영의 묘는 중종반정(1506)으로 관작官爵이 회복되고서야, 그해 겨울 10월에 부인의 묘소 곁인 목천의 작성산鵲城山으로 돌아왔다. 그리고 개장改葬할 때 비로소 김대유가 신주神主를 세우고 동생 대장으로 하여금 제사를 받들게 하였다. 탁영이 세상을 떠난 지 8년 만이었다. 그동안 후손들은 탁영의 묘소를 챙기는 것조차 버거운 세월을 보냈음을 알 수 있다.

무오사화 이후 백곡의 탁영종가가 어떻게 존속되었는가는 자세하지 않다. 탁영의 삼형제 중 유일한 생존자는 김준손이었다. 호남에 유배된 그는 연산군의 방탕이 날로 심해지고 나라가 위태로워지자, 류빈柳濱·이과李顆 등과 함께 중종을 추대하기로 모의하고 격문檄文을 지어 한양에 전하였다. 그러나 격문이 도착하기도 전에 반정이 일어났다. 격문의 전문全文이 『중종실록』 1년(1506) 12월 1일조에 실려 있다. 여기서는 그 내용을 압축한 『동각잡기東閣雜記』의 기록을 소개한다.

태조는 건국에 애쓰셨고, 세종은 정치가 아름답고 밝았다. 성종은 한결같이 선왕의 법도를 지켜 재물을 절약하고 백성을 사랑하였으니, 백성이 안정되고 물산이 풍족해져 평화로운 세상이었다. 뜻밖에도 사왕嗣王이 포학하고 무도無道하여, 부왕父王의 후궁을 매로 쳐서 죽이고, 옹주와 왕자를 유배시켜 처형하였으며, 바른말을 하는 대간臺諫을 귀양 보내고 베어서 죽이며, 대신大臣을 형벌로 다스리고 욕보이며, 충성스럽고 어진 이를 해치며, 부자 형제를 연좌시키되 진秦나라 법보다 심하였다. 남의 무덤을 파헤쳐 해골에까지 화가 미쳤는데, 마디마디 베고 뼈를 가루로 만드는 형벌을 가하니, 이 무슨 형벌인고. 남의 아내와 첩을 빼앗아 음욕淫慾을 자행하고, 남의 집을 부수어 동산을 넓히며, 선왕의 능이 모두 여우와 토끼의 마당이 되고 선성先聖들의 사당이 모두 곰과 범의 놀이터가 되었다. 거뒤들이는 것이 한도가 없어 백성들이 살아갈 수가 없다.

이것뿐만 아니라, 종실과 형제의 아내와 첩을 협박하여 간통
하게 하였다. 삼년상은 누구나 입는 상복인데 잔인하게 그 기
한을 짧게 하고, 부모의 기일忌日도 모두 파하여, 윤기倫紀가
무너지고 인도人道가 없어졌다. 기타 토목의 역사, 풍류와 여
색의 즐김, 연못과 누대에서의 놀이와 사냥의 오락, 짐승과 화
초의 탐호 등 이루 다 거론할 수 없으니, 한도까지 꽉 찬 죄가
걸주桀紂보다 더하다. 민생의 일시 고통은 아직 말할 것조차
없다. 만일 크게 간악한 자가 임금의 자리를 노려 하루아침에
갑자기 일어난다면, 역성易姓의 화禍가 있게 될까 또한 혹시라
도 염려된다. 성종께서 26년 동안 경사卿士를 대우하고 충의를
배양한 것은 바로 오늘과 같은 때를 위해서였다.
진성대군은 성종대왕의 친아들이다. 현명하고 덕이 있으므로
중외中外에서 기대하고 촉망하여 칭송이 자자하다. 이에 모모
某某 등이 진성대군을 추대하려 하여, 모월 모일에 의병을 일
으키기로 각도에 격문을 보내어 기약한 날짜에 서울에서 모이
게 하였다. 조정에 있는 공경公卿과 모든 집사執事들도 마땅히
속히 추대하여 종사宗社의 위기를 구제할지어다.

남원 월곡

김준손은 반정 후 해배되어 청도로 돌아왔다. 그에게는 두

아들 대유大有와 대장大壯이 있었다. 김대장은 자가 정중正中이고, 호는 율리栗里이다. 무오사화 당시 여섯 살의 나이로 부친과 함께 남원에 가서 살았다. 1518년(중종 13) 조광조趙光祖(1482~1519)의 천거로 선릉참봉宣陵參奉에 봉해진 후 선공가감역주부繕工假監役主簿 · 사헌부감찰 · 용궁현감龍宮縣監 등을 지냈다. 인종 때 창녕현감에 제수되었으나 나아가지 않았다.

양자가 된 그의 문중 활동에 대해서는 또한 확인할 만한 기록이 많지 않다. 김대장은 반정 이후에도 청도로 돌아오지 않고 남원에서 일생을 마쳤다. 대신 해배된 후 부친과 함께 고향으로 돌아온 김대유가 종가의 일을 관장하였다. 탁영의 묘소를 양주에서 목천으로 이장했다가 다시 청도로 반장返葬하였고, 자계사紫溪祠를 건립하여 탁영을 제향하였으며, 그리고 『탁영집濯纓集』을 발간하였다.

김대장의 두 아들 갱鏗과 장鏘(1519~1587) 또한 남원에 터를 잡고 살았다. 김대유가 청도에서 위선봉사爲先奉祀를 주관했으나, 후사가 없었다. 따라서 만년에 남원에 거주하던 대장의 맏아들 갱을 청도로 불러 종사宗事를 맡겼는데, 그 역시 후사가 없었다. 결국 김갱의 동생 장의 아들 도연道淵 김치삼金致三(1560~1625)이 사손嗣孫이 되어 종중의 일을 관장하였다. 김치삼은 탁영의 증손이다. 『도연집道淵集』에 의하면, 그는 열대여섯 살쯤 부친의 명으로 청도에 돌아왔고, 그곳에서 장가들어 살면서 종손의 임무를

김대장(위)과 김장(아래)의 묘소

수행하였다고 한다. 청도의 김치삼은 남원에 살던 부친마저 세상을 떠나자 그곳의 묘소 관리 등을 외손外孫인 순흥안씨順興安氏에게 부탁하였다.

　김치삼의 아들 선경善慶(1586~1638)은 자가 적여積餘이고, 호가 둔재遯齋이다. 정구鄭逑의 문하에서 수학하였고, 통례원좌통례通禮院左通禮를 역임하였다. 그에게는 다섯 아들이 있었고, 첫째 아들 즙濈(1607~1654)이 종가를 통솔하였다. 김선경은 비록 종사를 위해 부친이 청도로 돌아오긴 했지만, 증조부와 조부의 묘소가 있는 남원 월곡이 늘 마음 한 켠에 한으로 남아 있었다. 이는 부친의 평생 한이기도 했다. 그는 넷째 아들 약瀹(1614~1668)으로 하여금 남원에 옮겨 가 선현의 유적을 건사하라 유언하고 세상을 떠났다. 따라서 현재 호남의 지손支孫들은 대개 김약의 후손이다.

김준손과 김대유의 유배지였던 '남원 월곡'은 현 전라북도 장수군 산서면 사계리 특골 일대를 가리킨다. 지금도 이곳에는 지손들이 김약 이후 후손들의 묘소를 지키며 살아가고 있다. 그러나 탁영가의 호남지역 입향조入鄕祖라 할 김대장과 김장의 묘소는 현 전라북도 남원시 보절면 진기리에 위치하고 있다. 이전에는 '특골'도 남원에 속하였는데, 근년에 행정구역을 개편하면서 '산서면'만 장수군으로 편입되었다고 한다.

호남지역에 현전하는 탁영가의 유적으로는 사동서원社洞書院과 감모재感慕齋가 있다. 사동서원은 1847년(현종 13)에 건립되어, 20여 년이 지나 서원철폐령에 의해 훼철되었다가 1957년에 중건되었다. 1848년 탁영을 비롯해 김준손·김대유·김치삼 등 네 분의 신위를 봉안하였고, 2년 뒤인 1850년에 중형인 김기손과 탁영의 8대손 김정택金挺澤의 위패를 추가로 봉안하였다. 김정택은 호가 만회당晩悔堂으로, 호남에 거주하던 지손이다. 그리고 1957년 중건하면서 조부 김극일을 배향하여, 현재 모두 7위를 모시고 있다. 현 전라북도 장수군 산서면 사상리에 있다.

감모재는 김대장과 김장의 묘소 아래에 있는 재실이다. 탁영의 14세손 용희容禧(1862~1942)가 주도하여 1919년에 건립하였고, 이후 장소가 협소하다는 이유로 2006년 그 곁에다 확장하여 중건하였다. 따라서 현재 두 동棟 건물이 ㄱ자형으로 나란히 배치해 있다. 김대장과 김장의 묘소는 감모재에서 멀지 않은 곳에 위아래로 위치하고 있다. 위쪽이 김대장의 묘소이고, 아래가 김장의 묘소이다. 그 아래쪽 언저리에 김치삼 이후 김약이 돌아오기까지 두 묘소를 관리했던 순흥안씨 외손의 묘소가 자리하고 있다. 감모재에서 준비하는 두 부자父子의 묘제일墓祭日은 청도에서 탁영의 가을 묘제가 있는 그 주週 토요일이다. 그리고 다음날 일요일에는 그 아래 후손들의 묘사를 지낸다고 한다.

이렇듯 탁영가는 무오사화 이후 청도 백곡과 남원 월곡을 오가는 우여곡절을 겪었다. 그 과정에서 사손 또한 어렵게 계승되었다. 반정이 일어난 이듬해(1507)에 적몰했던 가산家産을 환급하라는 중종의 교지가 있었으나, 이후의 종가 사정에 대해서는 자세하지 않다. 김치삼이 청도로 돌아와 문중 활동을 한 이후부터 종가로서의 위모威貌를 다시 갖출 수 있었다. 이후에도 수많은 곡절과 어려움이 있었지만 백곡의 종가는 그 자리를 지켜 가고 있다. 뿐만 아니라 호남의 지손들과도 자주 내왕하며 선현의 아름다운 뜻을 면면히 이어 가고 있다.

社洞書院廟庭碑

사동서원

사동서원 7위

(각종 온라인상이나 안내문에는 이들 7위 외에 점필재 김종직이 사동서원에 배향된 것으로 알려져 있으나, 이는 사실이 아니다.)

제2장 **탁영 김일손**

탁영은 너무나 잘 알려진 역사적 사건 속 주인공이다. 세조의 왕위 찬탈(1455), 단종의 폐위, 연산군 대의 두 차례 사화, 그리고 이어진 중종반정(1506). 불과 50년의 시간 속에서 실로 전대미문의 엄청난 사건들이 미처 숨 고를 겨를도 없이 연속해서 일어났다. 탁영은 그 소용돌이의 정점에 있었던 주인공이다. 게다가 35세라는 짧은 인생 역정 또한 얼마나 역동적이고 파란만장했던가. 그래서인지 그의 삶은 역사적으로 유명한 사건과 에피소드가 되었다. 따라서 그의 일생을 통시적으로 훑어보는 것은 큰 의미가 없을 듯하다.

그는 무오사화로 인해 서른다섯의 삶을 마감했지만, 사후에 그의 진가는 더욱 빛났다. 여기서는 그의 인생을 특징지을 수 있는 몇 가지 키워드를 중심으로 사후에도 길이 역사 속에 살아 있는, 그래서 결코 짧지 않았던 서른다섯 그의 삶을 되짚어 본다.

김일손의 일생

- 1464년(세조 10): 청도군 이서면 서원리 출생

- 1478년(성종 9): 15세. 단양우씨와 혼인. 선산의 이맹전을 찾음

- 1480년(성종 11): 17세. 김종직 문하에 입문

- 1481년(성종 12): 18세. 원주의 원호를 찾음

- 1482년(성종 13): 19세. 김준손·김기손의 문과 급제

- 1486년(성종 17): 23세. 문과 급제

- 1487년(성종 18): 24세. 진주향교 교수. 파주의 성담수, 함안
  의 조려를 찾음
- 1489년(성종 20): 26세. 정여창과 지리산행. 1차 북경행(요동
  질정관)
- 1490년(성종 21): 27세. 3월, 노산군 입후치제 주장. 11월, 2차
  북경행(진하사서장관)
- 1491년(성종 22): 28세. 『소학집설』 교정. 1차 소릉복위 주장
- 1492년(성종 23): 29세. 호당에서 사가독서. 김종직 · 김기
  손 · 남효온 별세
- 1493년(성종 24): 30세. 「추회부」를 지음
- 1494년(성종 25): 31세. 성종 승하
- 1495년(연산 1): 32세. 시폐 26개조 상소. 2차 소릉복위 주장
- 1496년(연산 2): 33세. 3차 소릉복위 주장. 모친상
- 1498년(연산 4): 35세. 「유월궁부」 · 「취성정부」를 지음. 능지
  처사

1. 숙명적 인연, 스승 김종직

　　탁영은 열일곱 살이 되던 1480년 9월 즈음, 당시 모친상을 당해 밀양에 내려와 있던 점필재佔畢齋 김종직金宗直(1431~1492)을 찾아가 수학하였다. 출사出仕하는 부친을 따라 경기도 용인龍仁의 외가에서 살다가 10년 만에 운계로 돌아온 직후였다. 게다가 이해 봄 중형과 함께 복시覆試에 응시했다가 낙방하고는 자신의 학문에 대해 진지하게 고민하고 있을 무렵이었다. 탁영은 중형과 함께 점필재의 문하에서 그해 겨울을 보내고 돌아왔다. 이듬해 봄에 다시 나아가 스승으로부터 당대唐代의 대문장가 한유韓愈 (768~824)의 문집을 받았다. 점필재는 문하에 든 탁영을 두고서 "나의 의발衣鉢을 전할 사람은 그대이니, 훗날 문병文柄을 차지할 것이다"라는 말로써 큰 기대를 숨기지 않았다.

탁영의 입문 시기에 대해서는 점필재와 탁영의 언급에서 차이가 보인다. 점필재가 쓴 「절효김선생효문비명節孝金先生孝門碑銘」에서는, 자신의 벗인 김맹이 1482년(성종 13)에 두 아들을 보내왔고, 이때 부친 김극일의 효행비명孝行碑銘도 함께 청했다고 한다. 그런데 점필재 사후 탁영이 지은 제문에서는 17세(1480) 때 그 문하에 나아갔다고 밝히고 있다.

점필재와의 인연은 고조부에서부터 예견된 가학家學의 연원이었다. 점필재는 문하에 든 탁영뿐만 아니라 그들 삼형제 모두와도 친분이 깊었다. 김준손과 김기손이 1482년 문과시험에서 나란히 차석과 장원을 차지하자, 성종이 따로 불러 친견하고 직장과 감찰 등의 청요직을 제수하였다. 점필재는 이때 고향으로 영친榮親하러 가는 두 형제에게 「청도로 영친하러 가는 직장 김준손과 감찰 김기손을 보내며」(送金直長駿孫監察驥孫榮親于淸道)라는 시를 지어 축하하였다. 두 인재를 얻음은 나라의 큰 복이고, 개인으로 보나 문중으로 보나 이만한 영광이 없으며, 부모에게도 더할 나위 없는 효도라는 칭송의 내용이었다.

점필재 문하에 든 탁영은 신교神交를 맺을 12인의 벗을 만나게 된다. 탁영이 입문한 17세조의 연보를 읽어 보자.

나는 성품이 본디 남을 허여함이 적었는데, 17세 때 처음으로 점필재 선생의 문하에서 종유하면서 신교를 맺을 12명의 벗을 얻었다. 도학道學에 있어서는 김대유金大猷(宏弼), 정백욱鄭伯勖(汝昌), 이백연李伯淵(深源)이고, 문장에 있어서는 강사호姜士浩(渾), 이주지李胄之(胄), 이낭옹李浪翁(𩵋)이며, 유일遺逸에 있어서는 남백공南伯恭(孝溫), 신덕우辛德優(永禧), 안자정安子挺(應世), 홍여경洪餘慶(裕孫)이며, 음률에 있어서는 이백원李百源(摠), 이정중李正中(貞恩)이다.

물론 이는 김대유가 탁영 사후 계부에게 들었던 것을 수록한 것이다. 탁영의 교유는 이들 동문을 중심으로 이루어졌다. 위 기록을 통해 점필재의 교육방식을 살필 수 있다. 문하생의 개별 능력에 따라 그 자질을 계발시키고, 동문 간에는 다양하고 폭넓은 교유가 가능하도록 하였다. 요즘 말로 '개별학습'의 전형이다. 학계가 아직 성리학 일변도로 고착되기 이전의 초기 사림인지라, 도학과 문장은 물론 음률까지 아우르는 개개인의 다양한 재주를 살려 주고 있다. 이를 통해 동문들 간 윈win-윈win 효과의 극치인 '이택麗澤'이 가능했으리라 짐작할 수 있다. 이 모두가 스승과의 인연에서 비롯된 것이었다.

그런데 두 사람의 사제지연師弟之緣은 12년에 불과하였다. 『탁영집』에 실린 점필재 관련 작품으로는 제문 2편이 고작이다. 마침 29세(1492) 되던 그해에 중형 김기손이 후사 없이 세상을 떠낳고, 탁영은 거상居喪하느라 스승의 부고訃告를 받고도 조문하지 못하였다. 대신 제문을 지어 애도의 마음만 전했을 뿐이었다. 그 중 첫 번째 작품에서는 늦게 문하에 들어서도 가장 많은 사랑을 받았고, 비로소 학문하는 방법을 알게 되었다고 회고하였다. 두 번째는 왕명으로 밀양을 지나다가 스승에게 지어 올린 것인데, 아래에 그 일부를 옮겨 본다.

죽으로도 끼니를 잇지 못해	饘粥不繼
노공처럼 쌀을 구걸하고	魯公乞米
집을 지을 땅마저도 없어	無地起樓
구공처럼 더부살이했으나	寇公寓邸
뭇사람은 분분하게 논란하고	紛紛群議
시비하며 옥신각신하였습니다.	是非相軋
……	……
사적이 아닌 공적이었음에도	非私于公
소인배들은 번갈아 배척하였고	群飛交斥
사후에도 허명이 씌어서	身後虛名
뭇 사람의 인색함도 당했지만	又被物嗇
지금은 만고의 청산에서	萬古靑山
공께선 응당 자적하시겠지요.	公應自適

점필재 묘소

예림서원

이 짧은 글 속에는 점필재의 일생과 스승을 이해한 제자의 마음이 모두 드러나 있다. 점필재는 벼슬이 이조참판과 예문관 부제학까지 올랐으나, 중년의 나이에 아들과 부인을 모두 잃었고, 한때는 살 집이 없어 이사를 전전하는 생활고를 겪기도 했다. 그러나 개인적으로는 이처럼 불행이 끊이지 않았지만, 당대에 이미 '경상도선배당慶尚道先輩黨'이라 지목받을 만큼 뛰어난 문하생들을 배출하였다. 후에 이들 문인집단이 조선 초기 역사의 주인공으로 대거 활약하였으니, 점필재의 역할과 그 영향은 지대至大하다고 할 만하다.

점필재는 학식과 재주가 남달랐고 또 그의 주변에는 늘 많은 인재가 포진하고 있었다. 권력을 지닌 자들의 견제를 받았음은 당연하다. 그는 온갖 비난과 질타의 대상이었다. 신진사림新進士林의 세력을 견제한 훈구파勳舊派의 공격과 트집은 그래도 이해할 수 있었지만, 문인집단 내에서 불거지는 여러 의혹들은 점필재도 참기 어려웠다. 예컨대 동지경연사同知經筵事로 있을 당시 임금에게 주요 정책과 사안을 건의하지 않았다 하여, 문인 홍유손洪裕孫(1431~1529)의 비판을 받기도 하였다. 세상을 떠난 후에는 시호諡號가 물의物議를 일으켜 '문충文忠'이 '문간文簡'으로 개정되는 해프닝도 있었다.

그런데 탁영은 이 모든 것을 수용하고 스승을 이해하였다. 함양군수 시절 문하에 든 한훤당寒暄堂 김굉필金宏弼(1454~1504)의 비판은 은근해서 스승을 더 아프게 했는데, 이에 대한 탁영의 차운시次韻詩를 읽어 보면 그의 마음을 충분히 이해할 수 있다. 한훤당은 스승이 시류時流에 영합했다고 의심했는지, 아니면 이를 확인하기 위해 스승의 의중을 떠본 것인지, "군자가 세속을 좇다 보면 변하기 마련이니, 그리되면 필경엔 소는 밭 갈고 말은 타는 동물임을 뉘라서 알겠습니까"라는, 그 유명한 시구를 던졌다. 원칙 없이 이리저리 흔들리다 보면 결국 '갈 지之' 자로 흩어진 자기 발자국 속에서 본래 가야 할 방향을 잊어버리게 될 것이니, 애초의 본질과 원칙을 잘 지키라는 뼈 있는 비판이었다.

스승은 똑똑한 제자의 질책에 굳이 답을 내지 않았다. 대신 탁영이 스승을 대변하듯 다섯 수의 차운시로 답하였다. 요약하자면 내용은 이러하였다.

공자孔子도 외려 한 가지도 능치 못하다 하셨거늘, 그러니 벼슬길의 진퇴를 항상 잘한 이는 적었습니다. 난초를 쑥과 섞어둔들, 꽃다운 난초향이 어찌 그 나쁜 냄새를 덮을 수 있겠습니까. 쪽에서 청색이 나오고 물에서 얼음이 나오는 법인데, 문하로서 굳이 흠집을 찾아 말을 만들지 맙시다. 수양산首陽山에서 굶어죽은 백이伯夷나, 세 번이나 쫓겨나고도 떠나지 않았던 유하혜柳下惠도, 결국 진퇴의 때를 잘 타고났었던 것뿐입니다. 그러니 시절을 탓하고, 선생님을 한번 믿어 봅시다.

탁영은 온갖 입방아에도 묵묵히 받아내는 스승의 그 마음을 이해하는, 전적으로 이해하진 못한다 하더라도 믿고서 기다리는 유일한 제자였다.

가학에서 연원된 두 사람의 인연은 이렇듯 스승의 각별한 제자 사랑과 제자의 스승에 대한 절대적 이해로 더욱 깊어졌다. 이는 너무나 잘 알려진 「조의제문」 사건에서도 그대로 드러난다.

김종직이 「조의제문」을 지은 것은 단종이 영월로 유배되었다가 죽임을 당하는 1457년(세조 3) 10월이었다. 그즈음 온 나라에는 입에 올리기조차 민망하고 흉흉한 소문들이 난무했다. 영월로 쫓겨난 어린 왕은 죽임을 당해 그 시신이 강물에 던져졌다고도 하였고, 영월의 호장豪長이 몰래 시신을 들쳐 메고 달아났다고도 하였으며, 심지어는 한 달이 지나도록 시신을 수습하지 않아 까마귀와 솔개가 해코지하는 것을 보다 못한 한 동자가 들쳐 메고 사라졌다고도 하였다.

당시 점필재는 27세의 진사였다. 그도 이 흉측한 소문들을 들었고, 안타까운 마음은 꿈으로까지 이어졌다. 꿈에 느닷없이 의제義帝가 나타나 '항우項羽가 자신을 죽여 시신을 침강郴江에 버렸다'고 하소연하는 것이었다. 그 상황에서 어떤 지식인이 모른 체할 수 있겠는가. 그 아프고 쓰린 마음을 글로 표현하였다.

따라서 애초 「조의제문」은 정치적 의도를 지닌 비방 글이 아니라, 권력욕에 희생된 어린 왕을 슬퍼하는 젊은 한 유생의 애달

픈 넋두리 정도였다. 때문에 점필재 당대에도 사후에도 이 글은 크게 주목받지 못했다. 성종은 점필재 사후 매계梅溪 조위曺偉(14 54~1503)에게 스승의 유문遺文을 수습해 편찬할 것을 명했고, 그 문집의 첫머리에 실린 「조의제문」을 보았다. 그러나 지나간 일이 라 하여 개의치 않았다. 무오사화가 발생하고서도 처음에는 「조 의제문」이 전혀 부각되지 않았었다. 뿐만 아니라 점필재가 이 글 을 지을 때 탁영은 태어나지도 않았었다.

한편 1490년(성종 21) 3월, 성종은 탁영이 첫 번째 연행燕行에 서 돌아오자 기다렸다는 듯 통선랑승정원주서通善郎承政院注書 겸 예문관검열藝文館檢閱에 제수하였다. 언제나 그랬듯 탁영은 세 번 이나 사의辭意를 표했다. 물론 이번에도 윤허되지 않았다. 이즈음 입직入直을 서던 탁영은 스승의 「조의제문」을 사초에 실었다. 점 필재가 이 글을 지은 지 무려 30여 년도 더 지난 어느 날이었다.

탁영이 이 글을 사초에 실은 것을 두고서, 김대유는 탁영의 연보에서 '이는 후세 사람들에게 절의節義를 북돋우는 데 털끝만 큼이라도 도움을 주기 위한 것'이라고 밝혔다. 반면 1668년 『탁 영집』 중간본重刊本의 서문을 쓴 우암尤庵 송시열宋時烈(1607~1689) 은 "그 화禍는 사실 「조의제문」 한 편이 빌미가 되었다. 점필재선 생은 이 글을 무슨 마음으로 지으셨고, 또 탁영선생은 무슨 생각 으로 이 글을 사초에 수록하였는지 알지 못하겠다. 그러나 이 모 든 것은 후학들이 감히 엿보아 추측할 바가 아니다"라고 하였다.

어찌 되었건 이 일이 빌미가 되어 무오사화가 일어났다. 그 결과 탁영을 비롯하여 점필재와 그의 문인들은 대역죄인으로 규정되었다. 「조의제문」을 쓴 점필재는 사망한 지 6년이 지났음에도 대역의 우두머리로 지목되어 부관참시되었고, 그의 저서들은 불태워졌다. 사건에 연루된 이목·허반許磐·권오복權五福·권경유權景裕 등이 함께 처형되었고, 표연말表沿沫·정여창·김굉필 등은 「조의제문」의 내용에 동조했거나 국정을 어지럽게 했다는 죄로 장형杖刑에 처해진 후 유배되었다.

이 사건은 이후 50년간 지속되는 사화士禍 시대를 연 시초가 되었고, 사림뿐만 아니라 조선 성리학의 전개와 발전에 성장통과도 같은 것이었다. 선대로부터 시작된 두 사람의 가학적 인연은 숙명적 관계로 역사 속에서 살고 있는 것이다.

2. 참공부, 노학자와의 만남

탁영은 왜 스승의 「조의제문」을 사초에 실었을까. 성종의 묵인默認이 있었다 하더라도, 이 글이 빌미가 될 수도 있음을 모르지 않았을 것이다. 더구나 스승을 비롯한 동문들이 훈구세력의 표적이 되고 있던 상황이 아니었던가. 그럼에도 불구하고 굳이 이 글을 수록하였다. 삭제를 요청하는 이극돈李克墩(1435~1503)의 손을 뿌리치면서까지 말이다. 결과만 놓고 말한다면, 훈구세력에 대항하여 새로운 세상을 열겠다는 젊은 신진사림의 무모한 도전이었다고 치부할 수도 있겠다.

의혹스러운 건 「조의제문」만이 아니다. 탁영은 「조의제문」을 사초에 수록하기 직전에 노산군魯山君의 입후치제立後致祭를 주청하였다.

> 그 옛날 주周 무왕武王은 은殷을 멸망시킨 후 주왕紂王의 아들
> 에게 봉록을 주어 그 아비와 선대 조상의 제사를 받들게 해 주
> 었습니다. 가까이로는 세종대왕께서도 왕자의 난 때 희생된
> 방번芳蕃과 방석芳碩이 후사가 없음을 안타깝게 여겨, 두 아들
> 광평대군廣平大君과 금성대군錦城大君을 각각의 후사로 정한
> 후 봉사奉祀하게 했습니다.

'주왕'은 상商나라의 마지막 임금이다. 탁영은 중국의 역사
적 사실과 세종의 일화를 언급하면서, 후사를 세워 열일곱 나이
에 후사 없이 죽은 단종의 제사를 받들어야 한다고 주장하였다.
물론 윤허되지 않았다.

탁영은 여기서 그치지 않고 이듬해(1491)부터 세 차례에 걸쳐
소릉복위昭陵復位를 주장하였다. '소릉'은 문종의 왕비이자 단종
의 어머니 현덕왕후顯德王后의 무덤이다. 세자빈 시절 단종을 낳
고 세상을 떠났는데, 능호를 소릉이라 하였다. 문종 사후 합장合
葬하고는 '현릉顯陵'으로 승격되었다가, 단종이 노산군으로 강등
되자 모친이라는 이유로 종묘에서 신주가 폐출되고 현릉에서 파
묘破墓되어 다시 소릉이 되었다.

이 두 가지 사건은 당시 어느 누구도 입에 올리기 꺼려하는

왕실의 부끄러운 과거사였다. 소릉복위는 이보다 앞선 1478년(성종 9)에 탁영의 정신적 지우知友였던 추강秋江 남효온南孝溫(1454~1492)이 주청하여, 조야朝野를 발칵 뒤집었던 적이 있었다. 그 뒤로 쉬쉬하던 것을 탁영이 13년 만에 다시 들추어냈던 것이다. 그때와 마찬가지로 온갖 물의가 일었지만, 성종의 배려로 더 이상 확대되지 않고 일단락되었다. 이번에도 어느 것 하나 받아들여지지 않았다.

이처럼 당시 기득권 세력에게 빌미를 제공하고, 또 여차하면 목숨을 내놓아야 할 위험을 감수하면서까지 이를 성사시키고자 했던 이유는 무엇일까. 우리는 여기서 탁영의 시대인식과 역사의식의 기저基底를 살펴볼 필요가 있다. 그리고 그 이유를 그의 삶에서 어렵지 않게 확인할 수 있다.

탁영의 연보와 문집을 살펴보면, 대개의 교유인이 점필재 문하생들이다. 탁영은 특히 정여창·남효온과 도의道義의 사귐을 맺었다. 남효온은 일찍이 점필재에게 나아가 배운 적이 없었지만 그를 언제나 존경하였다. 이후 전라도 지역을 유람할 적에는 당시 전라감사全羅監司로 내려와 있는 점필재를 찾아갔고, 후에 밀양을 찾기도 하였다. 두 사람은 탁영보다 열 살도 넘는 연상의 대선배들이었다. 어렵고 불편하고 그래서 꺼릴 법도 하려니와, 두 사람은 일생 탁영의 정신적 멘토였다.

그런데 『탁영연보』에서 아주 뜻밖의 만남을 발견할 수 있다.

그것도 혈기 왕성한 청년기의 젊은 탁영과 모진 세상풍파를 다 겪은 노학자老學者의 만남이다. '왜?'라는 의구심에 고개를 갸우뚱거리게 만드는, 전연 어울리지 않을 것 같은 의외의 만남이다.

　탁영은 15세가 되는 1478년 3월, 단양우씨端陽禹氏를 부인으로 맞았다. 그해 8월 청도로 돌아오던 도중 선산善山을 지나다가 어은漁隱 정중건鄭仲虔과 경은耕隱 이맹전李孟專(1392~1480)을 찾아 뵈었다. 정중건은 탁영의 전前 외조부로, 부친 김맹의 초취부인 정씨鄭氏의 아버지이다. 자字가 경부敬夫이고, 어은은 그의 호이다. 계유정난癸酉靖難 때 집현전전한集賢殿典翰으로 있다가 비안현감比安縣監을 자청하여 나갔으나 곧 사직하고 이맹전과 함께 은거하였다. 이맹전은 자가 백순伯純이며, 경은은 그의 호이다. 세종 때 출사하여 사간원정언司諫院正言을 역임하였다. 세조의 치세를 보고서 거창현감을 자청하여 나갔다가, 그 역시 눈이 멀고 귀가 먹었다는 핑계로 벼슬을 버리고 선산에 은거하였다. 길재吉再의 문하에서 수학하였으며, 김숙자金叔滋와 교유가 깊었다. 탁영은 아마도 신행新行에서 돌아오는 길에 외조부를 방문했다가 함께 있는 이맹전을 만났던 것이리라. 이때 이맹전은 87세였다.

　이맹전은 첫 만남이었지만, 벗의 어린 외손자가 꽤 마음에 들었던 모양이다. 팔순이 넘은 노학자가 열다섯의 어린 친구에게 시를 지어 주었다. "꿈속에서라도 단종이 유배 갔던 영월 집을 자주 찾지만, 언제나 깨고 나면 그뿐이고, 그 음성과 모습은

이맹전 제단

아직도 아른거리는데, 내 몸이 자꾸 늙어가니 그것이 더욱 슬프
다"는 내용이었다. 이맹전은 매월 초하루 아침마다 해를 향해 절
을 하였다. 병을 치료하기 위해 기도한다고 둘러댔지만, 실은 동
북쪽으로 단종의 적소謫所가 있는 영월을 향한 배향이었다. 그는
탁영이 내방한 이태(2년) 뒤 89세의 나이로 세상을 떠날 때까지
귀먹은 청맹과니 행세를 했다고 한다.

　　탁영은 「삼가 경은 이선생께 화답하여 올리다」(謹和呈 耕隱李先
生孟專)라는 시를 지어 바쳤다. "선생께서 은둔하며 청맹과니 하
신 뜻을, 제가 어찌 알아서 함께하겠습니까마는, 밤마다 소쩍새
가 저리도 울어대며 끊이질 않는데, 구의산九疑山엔 달빛 비춰 더

환하겠지요"라는 내용이었다.

　탁영의 시에는 '소쩍새'가 자주 등장하는데, 그 정체를 살펴볼 필요가 있겠다. 「조정재 상치의 '자규사'에 차운하다」(次曹靜齋尙治子規詞)라는 작품 아래에는 "김시습金時習과 박도朴鍍가 조상치의 운韻에 화답하고, 김시습이 나에게 그것을 외워서 읊어 주기에 나도 그에 차운한다"라는 세주細註가 붙어 있다. '자규'는 일명 두견杜鵑 또는 귀촉도歸蜀道라고도 한다. 촉蜀나라 임금 두우杜宇가 신하에게 쫓겨나 슬피 울다가 죽어 새가 되었다거나, 끝내 촉나라에 돌아가지 못하고 죽었다는 전설에서 연유하였다. 우리는 흔히 '소쩍새' 또는 '접동새'로 표현한다. 단종이 영월에 유배될 때 「자규사」를 읊었는데, 조상치와 박도와 김시습이 차례대로 차운하였다. '소쩍새'는 단종을 상징한다. 탁영은 위 시 외에도, 이후 사관史館에 있을 때 단종의 「자규사」에 차운한 또 한 편의 사詞를 남겼다.

　'구의산'은 순舜임금의 무덤이 있는 산이다. '구의산이 달빛에 환하다'고 떠올린 것은 순임금의 선양禪讓 치세治世가 그리웠기 때문일 것이다. 이는 또한 찬탈로 일그러진 과거 역사의 상흔傷痕에 대한 비판일 것이다.

　그로부터 3년 후인 18세(1481) 때 또 한 사람의 은자隱者 원호元昊를 만난다. 그는 단종이 영월 청령포로 유배되자 집현전직제학을 사임하고 영월이 훤히 내려다보이는 산중턱에 초막을 짓고 살았다. 단종이 세상을 떠나자 그곳에서 삼년복을 입었다. 단종의 최후를 가장 가까이에서 지켜본 인물이었다. 지금도 영월에 가면 그가 단종을 향해 조석으로 문안하던 곳에 유허비가 세워져 있다. 손수 가꾼 채소와 과일을 통에 넣어 몰래 강물에 띄워 보내서 단종이 드시게 했다는 일화가 전해지기도 한다. 원호는 탁영의 부친 김맹과 문학적 교감을 나눈 벗이었다. 호는 무항霧巷이다.

탁영은 남효온과 함께 원호를 찾았다. 평소 부친으로부터 원호의 절의에 대해서는 익히 들어 알고 있었다. 원호 또한 벗의 어린 아들을 마치 벗을 대하듯 예우하였다. 그러고는 1456년 성삼문成三問(1418~1456) 등을 중심으로 단종을 복위시키려 했던 사건과, 그 이듬해 단종이 죽임을 당한 일련의 일들에 대해 아주 자세히 이야기를 해 주었다. 원호만이 말해 줄 수 있는 내용이었다.

그는 시절을 한탄하며 8구의「탄세사歎世詞」를 지었는데, 이별에 즈음하여 읊어서 전별하였다. 뒤 4구를 살펴보면 "아, 백이伯夷와 숙제叔齊는 아득하여 짝할 수 없으니, 부질없이 수양산에서 고사리만 꺾는구나. 세상은 모두 의리를 잊고 봉록을 따르지만, 나는 홀로 결백하게 살아가리라"라고 읊었다. 이미 30년 가까운 세월이 흘러서 과거의 어두운 역사로 잊혔지만, 나만이라도 그 의리를 지키며 깨끗하게 살아가겠다는 각오였다. 탁영이「원무항 호의 '탄세사'를 받들어 화답하다」(奉和元霧巷昊歎世詞)라는 시로써 자신의 마음을 표현하였다.

한강 물은 도도히 흘러가고
영월 산은 푸르고 푸르건만
한 가닥 소쩍새 울음소리가
이 사람 애간장을 끊는군요.
서리가 대지를 덮으니 울창한 숲이 변하고
구름이 하늘 가려 밝은 해가 빛을 잃었네요.
헌칠하고 풍채 좋은 분이
산 남쪽에 홀로 우뚝하니 서 계시니
아, 당신은 한 번 떠나서 평생 후회치 않으시니
저도 따르고자 하여 서성입니다.

漢之水兮滾滾　　　　越之山兮蒼蒼
鵑哭兮一聲　　　　　愁人兮斷腸
霜滿地兮喬林變色　　雲遮天兮白日無光
若有人兮頎然　　　　表獨立兮山之陽
嗟君一去沒身而不悔兮　我欲從之而徜徉

　이맹전에게 준 시와는 확연히 다른 느낌이다. 탁영은 보다
분명하고 강렬한 의지를 표출하고 있다. 역사 현장의 한가운데에
있었던 원호의 이야기와 삶에서 분명한 자신의 길을 찾은 것이리
라. 그래서 원호가 가고 있는 그 뜻에 동참하고 싶다고 말한다.
　탁영은 이후에도 이런 행보를 두어 번 더 보인다. 24세(1487)

조려 생가

에는 경기도 파평坡平으로 성담수成聃壽를 찾아갔고, 그 이듬해에
는 어계漁溪 조려趙旅(1420~1489)를 찾았다. 성담수는 성삼문의 재
종제로, 그의 부친 성희成熺 또한 단종복위사건으로 희생되었다.
이후 부친의 묘소 아래에서 세상과 인연을 끊고 은둔하였다. 호
는 문두文斗이다. 이때도 남효온이 함께 내방하였다. 조려는 세조
가 등극하자 경상도 함안 서산西山에 은거하였다. 당시 성담수는
51세였고, 조려는 69세였다. 이들 두 사람과 주고받은 시도 문집
에 전한다.

　이들 네 사람은 남효온·김시습과 함께 생육신生六臣으로 일

컬어진다. 10~20대의 젊은 탁영이 이들 노은자老隱者들과 어떻게 교감할 수 있었을까. 여기에는 외조부와 부친과의 인연, 그리고 무엇보다 중계자 역할을 톡톡히 했던 남효온이 있었다. 조려와의 만남은 『탁영집』에 차운시가 실려 있을 뿐 연보에도 전하지 않는다. 1488년이면 진주향교 교수로 내려와 있을 때이니, 이미 명성이 자자했던 인근 함안의 노은자를 찾는 것이 그리 어렵지는 않았을 것이다.

15세에 시작해서 25세까지 이어진 이들과의 만남은 탁영의 시대인식과 역사의식 형성에 지대한 영향을 끼쳤으리라 짐작된다. 그들을 만나면서 비로소 감춰져 있던 역사의 진실을 확인하게 되었고, 또한 이를 바로잡는 것을 자신의 책무로 자임하였을 것이다. 탁영은 이로부터 2년 후인 1490년에 노산군의 입후치제를 주청하고, 이어 소릉복위 주장을 시작하였다.

탁영은 공격적이지도 과격하지도 않았다. 그리고 서두르지도 않았다. 기회가 있을 때 상소하여 주장하고, 성공하지 못하면 다음 기회를 기다렸다. 그러나 피하지는 않았다. 잘못된 역사의 진실을 숨기지도 덜어내지도 않았고, 제자리로 돌려 바로잡아야 한다고 믿었다.

3. 젊은 지식인의 염원, 지리산행

탁영은 24세(1487)에 진주향교 교수로 왔다가 사임하고는 2년 뒤인 1489년 4월 14일부터 15일 동안 지리산을 유람하였다. 그의 지리산 유람은 오랜 염원 끝에 성사되었다. 탁영이 진주향교 교수로 내려온 까닭은 명목상 창녕에 계신 모친을 봉양하기 위해 인근 지역을 택한 것이었으나, 지리산 유람에 대한 욕구가 마음속에 깊이 자리하고 있었기 때문이었다. 그래서 도착한 후 매일같이 함께 유람할 동행을 찾았지만, 2년이 지나도록 그 기회를 얻지 못하였다. 그럼에도 지리산 유람은 잊어 본 적이 없었다고 하였다.

두류산만큼은 마음속에서 잊어 본 적이 없었다. 매번 조태허
曺太虛 선생과 함께 한번 유람하자고 했지만, 그가 벼슬살이에
얽매여서 나오는 왕래가 막혀 버렸다. 더욱이 오래지 않아 조
태허는 어머니 상을 당해 천령天嶺(함양)으로 떠나 버렸다. 천
령에 사는 상사上舍 정백욱鄭伯勖은 나의 정신적 벗이었다. 올
봄 청도에서 녹명鹿鳴을 노래할 적에 그가 마침 내 집 앞을 지
나가게 되었는데, 그때 두류산을 유람하자고 약속했었다. ⋯⋯
천령 사람 임정숙林貞叔도 따라 나서, 세 사람의 행장을 준비
하였다.

　조태허는 동문인 조위曺偉이고, 임정숙은 임대동林大仝
(1432~1503)이다. 두 사람은 스승 김종직의 지리산 유람에도 동행
했던 인물이다. 점필재는 1471년 함양군수로 왔다가 이듬해 추
석에 지리산 천왕봉에 올랐다. 그의 유람에는 위 두 사람 외에도
문인이자 함양 사람인 뇌계㵢溪 유호인兪好仁(1445~1494)과 한인효
韓仁孝가 동행하였다. 탁영은 지리산 유람을 계획한 후 동행으로
조위를 적임자라 여기고 그에게 유람을 청하였다. 조위는 김종
직의 처남이자 문인이며, 탁영이 평소 형으로 받들 만큼 친분이
두터웠다. 스승의 유산遊山을 계승하고자 했던 탁영으로서는 이
미 스승과 동행한 바 있던 조위가 적임자라고 여겼다. 그러나 여
러 사정으로 성사되지 못하고 당시 낙향해 있던 정여창과 임대동

이 동행하게 되었던 것이다. 백욱은 정여창의 자字이다.

탁영과 정여창의 인연을 잠시 들여다보자. 함양 출신 정여창은 23세 되던 1472년에 김굉필과 함께 점필재의 문하에 나아가 『소학小學』과 『대학大學』 등 학문의 요체要諦를 익혔다. 그는 특히 『대학』과 『중용中庸』에 잠심한 것으로 보인다. 그의 행장行狀에서 "어려서부터 『중용』과 『대학』에 마음을 쏟아 여러 해 공부하여 성리학에 정통하였다"라고 한 것이나, 소실되어 없어졌다는 『학용주소學庸註疏』·『주객문답主客問答』·『진수잡저進修雜著』 같은 저술 목록을 통해서도 이를 짐작할 수 있다.

청도 사람 탁영이 경상도 함양과 특별한 인연을 지속할 수 있었던 것도 모두 정여창이 있었기 때문이었다. 그의 인품과 학문을 인정해 준 지기 또한 탁영이었다. 김굉필에게 정여창을 일러 "우리들 중에서 학문을 점진적으로 고루 충실하게 성취한 사람은 이 사람뿐입니다"라고 칭송하였고, 26세 때 진하사서장관進賀使書狀官으로 연경에 가면서 자신의 직책인 예문관검열藝文館檢閱의 후임으로 정여창을 적극 추천하여 성사시키기도 하였다. 사초 일로 체포되었던 곳도 함양이었으며, 그 순간 함께해 준 벗도 정여창이었다. 함양과 정여창은 탁영의 인생 여정에서 쉬어 갈 여유를 제공하는 안식처 같은 공간이었다.

지금도 함양에는 정여창을 주향하는 남계서원灆溪書院과 탁영을 모신 청계서원靑溪書院이 나란히 위치하고 있다. 함양의 후

남계서원

청계서원

인들은 20세기에 들어와 탁영의 청계정사 자리에 청계서원을 세웠다. 그 기문記文에서 "남계서원의 사우祠宇와 나란히 인접해 있으니, 흡사 그 옛날 두 선생이 서로 강마講磨하여 간절히 권면하던 모습인 듯하다. 또한 봄·가을로 향사할 때는 밝으신 영령들이 서로 이끌고서 함께 강림하여 마치 한 방에서 근엄하게 흠향하는 듯하다"라고 하여, 두 선현이 생전에 함께 교유했던 것처럼, 영령도 함께하기를 기원하고 있다.

점필재가 지리산 유람에 나선 것은 1472년이고, 탁영의 지리산 유람은 1489년이니, 두 사람의 유람에는 17년의 시차가 있다. 또한 점필재는 당시 지방관 신분이었던 반면, 탁영은 한창 혈기왕성한 20대의 젊은이였다. 두 사람의 산행에는 다소 격차가 있겠지만, 탁영은 스승의 유산을 계승하려는 의미에서 작품명을 「속두류록續頭流錄」이라 하였다. 그러나 탁영의 지리산행은 무엇보다 현실주의에 바탕한 젊은 지식인의 갈망과 염원을 가장 적나라하게 드러내는 여정이었다.

선인들의 지리산행은 어느 방면에서 출발하더라도 정상頂上인 천왕봉天王峰과 경상도 하동의 청학동靑鶴洞을 중심으로 이루어졌다. 청학동은 조선시대 지식인에게 지리산 속 이상향으로 인식된 곳이다. 지금의 쌍계사雙磎寺와 불일폭포가 있는 그 일대를 가리킨다. 천왕봉과 청학동을 모두 유람하는 경우도 많았지만, 대체로는 올랐던 길로 하산하는 경우가 많았다.

김일손의 유람 행로

　이에 비해 탁영의 유람 경로는 매우 독특하다. 지도에서 보
듯, 그는 15일간의 유람 동안 지리산 북쪽인 함양을 출발하여 용
유담龍游潭을 구경한 후, 천왕봉으로 곧장 오르지 않고 다시 함양
수동水東으로 갔다가 남동쪽으로 내려가 산청의 환아정換鵝亭을
유람하였다. 그리고 단성丹城에서 단속사斷俗寺를 유람한 후, 하
동 옥종면 칠정七汀을 경유해 오대사五臺寺·묵계사默契寺를 보고,

다시 중산리로 길을 잡아 천왕봉에 올랐다. 실제 탁영이 밟았던 이 경로로 천왕봉에 오른 이는 아무도 없다. 그러고는 영신봉을 거쳐 지리산권역의 남쪽인 칠불사 · 신흥사 · 쌍계사 등 청학동 일대를 구경하고, 정여창의 은거지 악양岳陽으로 가서 동정호洞庭湖를 유람하였다. 결국 그의 유람은 지리산권역 중 서쪽의 구례 방면을 제외한 북쪽 · 동쪽 · 남쪽 일대를 두루 둘러본 셈이었다. 구례 방면은 20세기에 와서야 비로소 산행이 나타나니, 그렇다면 이 시기 탁영은 지리산권역 전체를 유람했다고 해도 과언이 아니다.

탁영이 천왕봉에 오른 것은 유람 9일째이며, 이후 곧장 청학동으로 하산하였다. 천왕봉에 오르는 것이 목적이었다면, 함양 용유담에서 스승 점필재의 코스를 따라 오르는 것이 정석인데, 이를 버려두고 지리산 동부권역을 에돌아 산청 · 단성 · 하동 · 덕산 일대를 찾아다녔다. 그 과정에서 사람들이 즐겨 다니지 않는 험난한 코스를 밟을 수밖에 없었다. 실제 묵계사에서 좌방사坐方寺를 지나 중산리로 찾아드는 그 길은 지금도 험난하여 산꾼들도 찾지 않는 코스이다. 그는 조선시대 지리산을 올랐던 선현 중 가장 길고 험난한 산행을 했던 인물이다.

탁영이 이러한 의외의 코스를 자처한 것은 산행 외의 다른 의도가 있었기 때문이다.

선비가 태어나서 한곳에 조롱박처럼 매어 있는 것은 운명이다. 천하를 두루 보고서 자신의 소질을 기를 수 없다면, 자기 나라의 산천쯤은 마땅히 탐방해야 할 것이다.

그는 지리산 외에도 용문산龍門山을 비롯한 우리나라 여러 명산을 탐방하였다. 그런 탁영이 우리 민족의 영산靈山인 지리산을 진주 경내에 두고 오르지 않을 수 없었을 것이며, 오르고자 했다면 가능한 넓은 지역을 탐방하여 깊게 보려 했음을 알 수 있다. 그의 유람은 산을 오르는 데 목적이 있지 않고, 지리산권역 주변의 문화와 역사를 두루 섭렵하는 데 있었던 것이다. 때문에 그의 「속두류록」에는 지나는 곳마다 보고 듣고 접한 현실에 대한 감회가 특히 두드러지게 나타난다.

탁영이 함양을 출발하여 곧장 천왕봉에 오르지 않고 9일 동안 에둘러 갔던 그 코스를 살펴보면, 그의 유람 의도를 더욱 명확히 확인할 수 있다. 그가 천왕봉에 오르기 위해 중산리에 닿을 때까지 들렀던 곳은, 함양의 금대암金臺庵 · 용유담龍游潭 · 엄천사嚴川寺, 산청의 환아정換鵝亭, 단성의 단속사, 하동의 수정사水精寺 · 묵계사 등이다. 이들 유적지를 분류해 보면, 삼국시대에 창건된 사찰인 금대암과 단속사가 있고, 민간 무속의 대표적 명승으로 이름났던 용유담도 보인다. 용유담은 경관이 빼어날 뿐만 아니라 기우제祈雨祭에 효험이 탁월하여, 점필재도 함양군수 시절 가품이 들자 제사를 지냈던 장소이다. 그뿐인가. 건국 초 산청관아 객사 내에 세워져 경호강鏡湖江과 함께 명승이 된 환아정까지, 모두 오랜 역사와 다양한 문화를 지닌 곳들이다. 탁영은 이들 유적에 대해 세세히 소개하고 자신의 감회를 피력하였을 뿐만 아니라 지리산권역 여러 지역을 지날 때마다 그곳 사람들의 실정이나 그들에게서 들은 소소한 이야기까지 상세히 기록하고 있다. 몇 가지 사례를 들어본다.

하동 오대사 인근 주민들이 이정里正의 횡포로 번잡한 조세와 과중한 부역에 시달린다고 하소연하였고, 지리산에 잣이 많이 난다는 속설을 믿고 해마다 관청에서 잣을 독촉하므로 주민들이 산지에서 사다가 공물로 충당한다는 사실을 숨김없이 토로하였다. 또한 하동 쌍계사에 들렀을 때는 관청에서 은어를 잡는데, 불어난 물로 여의치 않자 승려들에게 살생에 필요한 물건들을 준비하라 재촉하는 모습 등 깊은 산중에까지 미친 시정時政의 폐단에 눈살을 찌푸리는 광경을 가감加減 없이 기술하고 있다. 신흥사神興寺에 전해오는 청학동 관련 설화를 터무니없는 이야기라 치부하면서도 꼼꼼히 기록해 남기는 모습에서 백성과 관련한 것이라면 어느 것 하나도 놓치지 않고 전하려는 탁영의 의도와 정신을 엿볼 수 있다.

또한 굶주림을 이기지 못한 산속 백성들이 밭을 일구려고 좌방사 앞의 밤나무를 도끼로 찍어 넘긴 것을 보았다. "높은 산 깊은 골짜기까지 개간하여 경작하려 하니, 나라의 백성이 많아진 것이다. 그렇다면 그들의 생활을 넉넉하게 하고, 그들을 교화시킬 방도를 생각해야 할 것이다"라는 그의 말에서, 현실적이고 합리적인 사고를 중시하는 조선 초기 신진학자의 의식세계를 엿볼 수 있다.

그 외에도 향적사에서는 한 노승이 사찰을 확장하기 위해 수년에 걸쳐 꾸준히 수백 개의 목재를 구해 쌓아놓은 것을 보았다. "우리 유자儒者들의 학궁學宮에 대한 정성은 아직도 멀었구나. 석가釋迦의 가르침이 서역으로부터 비롯되었으나, 어리석은 사람들이 그를 떠받들어 공자를 능가하게 되었다. 백성들이 사교邪敎에 탐닉하는 것이 우리가 정도正道를 독실하게 믿는 것과는 다르구나"라고 하여, 유학을 국시國是로 하면서도 도학道學공부에 열성을 다하지 않는 당대 지식인의 학문태도를 지적하기도 하였다.

결국 탁영이 택한 유람 행로와 유람 기간 중 보여 준 태도는 산수경관을 즐기기 위한 유람이 아니라, 우리 국토와 그 속에서 살아가는 인간 삶을 이해하려는 당대 지식인의 자의식自意識이자 염원이었다. 이는 현실성과 객관성을 중시하는 초기 사림의 성리학적 사고가 발현된 것이었다. 지리산행은 노학자와의 운명적 만남 이후 자기 시대의 현실을 확인하는 여정이었다. 그것은 결코 외면할 수 없는 현장이었다.

4. 동국의 한창려로다

유람과 문학적 지취志趣의 상관성은 대개 문학의 주체인 작가의 산수벽山水癖에서 연유한다. 이러한 산수벽은 넓게 보고 깊게 느끼려는 지식인의 지적욕구와 결부되어 다양한 문학적 지취로 표출되었다. 이는 조선시대 문인들도 깊이 공감하고 있었다. 춘주春洲 김도수金道洙(1699~1733)는 「남유기南遊記」에서 "세상 사람들이 반드시 사마천司馬遷의 유람을 자주 일컫는 것은 예로부터 문사文士들이 넓은 안목으로 담론을 장대하게 하던 것이니, 유람이 어찌 도움 되는 것이 없겠는가?"라고 하였다. 사마천의 문장력도 결국 산수 유람을 통해 습득되었다는 것이다. 문학적 호기浩氣를 기르는 것이 산수 유람의 또 다른 중요한 목적이었음을 확인할 수 있다.

　탁영은 원유遠遊와 문학적 지취의 상관성을 깊이 인식하고 있었다. 천하를 유람하여 자신의 자질과 안목을 폭넓게 계발할 수 없는 것이 현실이라면, 「속두류록」에서 보았듯 자국의 산수자연만이라도 탐방해야 한다고 생각하였다. 그 역시 원유를 통한 박람博覽은 의경意境을 깊어지게 하고 묘사가 실감나게 하는 효과 외에도 기상이 길러져 창작의 근원적인 힘을 얻을 수 있다고 생각했던 것이다.

　그런 탁영이 지리산행에서 유독 마음이 이끌리는 것이 하나 있었다. 지리산 여기저기 널린 고운孤雲 최치원崔致遠의 흔적이었다. 단속사 입구의 '광제암문廣濟嵒門'과 쌍계사 입구의 '쌍계석문雙磎石門' 석각石刻에서 눈을 뗄 수가 없었다. 청학동 불일폭포에서는 지리산 신선이 된 고운이 아직도 청학을 타고 날아다닌다고도 하였다. 최치원에 관한 것이라면 소소한 일화까지도 다 흥미로웠다. 급기야 쌍계사 진감선사대공탑비眞鑑禪師大功塔碑에 이르러서는 그만 감흥을 폭발시키고 만다.

　유독 이 비석에 대해서만 끝없는 감회가 솟구치니, 이는 고운의 손길이 여전히 남아 있고, 고운이 산수 사이에서 노닐던 그 마음이 백세 뒤의 내 마음에 와 닿았기 때문이 아니겠는가. 내가 고운의 시대에 태어났더라면, 그의 지팡이와 신발을 들고

쌍계사 진감선사대공탑비

서 모시고 다니며, 고운으로 하여금 외로이 떠돌며 불법佛法을
배우는 자들과 어울리게 하지는 않았을 것이다. 고운이 오늘
날 태어났더라면, 반드시 중요한 자리에 앉아 나라를 빛내는
문필을 잡고서 태평성대를 찬란하게 표현했을 것이며, 나 또
한 그의 문하에서 붓과 벼루를 받들고 가르침을 받았을 것이
다. 이끼 낀 비석을 어루만지며 감개한 마음을 금치 못하겠다.
다만 비문을 읽어 보니, 문장이 변려문騈儷文으로 되어 있고,
또 선사禪師나 부처를 위해 글 짓는 것을 좋아하였다. 어째서

그랬을까? 아마도 그가 만당晩唐 때의 문풍文風을 배웠기 때문
에 그 누습을 고치지 못한 것이 아닐까? 또한 숨어 사는 사람
들 속에 묻혀 세상이 쇠퇴하는 것을 기롱하며, 시속時俗을 따
라가면서 선사나 부처에 몸을 의탁하여 자신을 숨기려 한 것
이 아닐까? 알 수 없는 일이다.

　진감선사대공탑비는 최치원이 통일신라 고승高僧인 혜소慧
昭(774~850)의 행적을 짓고 쓴 것이다. 국보 제47호로 지정되었다.
최치원은 유학자로 자처하면서도 불교에 깊은 관심을 가져 일가
一家를 이루었고, 그럼에도 불구하고 문묘文廟에 배향된 인물이
다. 때문에 조선시대 내내 유자儒者들의 구설수에 오르내렸는데,
진감선사대공탑비가 그 중심에 있었다.
　예컨대 남효온은 "임금을 위해 기도하고 염불을 하면서 일
생을 마친 혜소를 최치원이 칭송한 것은 너무 심하다"라고 비판
하였고, 한말의 송병선宋秉璿(1836~1905)은 비문의 내용 중 '유가와
불가의 이치는 한 가지이다'(儒釋一理)라는 문구를 들어 "최치원
의 어리석음은 불교보다 심하다. 어찌 공자를 모신 문묘에 부처
를 함께 모신단 말인가?'라고 강력히 비난하였다. 또한 1934년에
쌍계사를 찾은 후창後滄 김택술金澤述(1884~1954)은 비문의 내용 중
"공자는 그 단초를 드러냈고, 석가는 그 극치를 궁구하였다"(孔發
其端, 釋窮其致)라고 한 문구가 유가를 공부한 사람으로서 명실名實

이 상부相符하지 않다고 혹평하였다.

　　그런데 위 인용문에서 보듯 탁영은 최치원에 대해 대단히 호의적이다. 왜일까? 최치원은 문장가文章家이다. 그가 활동했던 나말여초羅末麗初에 성행한 문체는 변려문이다. 변려문은 정교한 대구를 번갈아 사용하고 구절마다 화려한 수사修辭와 다양한 전고典故를 활용하는 등 까다로운 형식을 중요시하는 대표적 문체로, 당시의 국가문서나 외교문서 등에 사용되던 공식 문체였다. 이 때문에 최치원이 형식을 지나치게 중시한 변려문에 능통했다는 것으로 그의 사상적 깊이가 의심받기도 하였다. 그러나 오히려 국내외적으로 공인된 변려문에 탁월했던 그의 문장 능력은 신라의 국제적 위상을 드높였다는 점에서 높이 평가받을 만하다. 최치원은 자신의 문장으로 국가와 민족을 위해 당대 지식인으로서의 역할과 의무를 다하려 했다고 할 수 있다.

　　탁영 역시 문장에 탁월한 재능을 보인 인물이다. 그는 점필재 문하에서 스승의 권유로 한유韓愈의 문장을 익혔다. 점필재는 "그대는 시문에 능하지 않은 것이 없다. 훗날 문병文柄은 반드시 자네에게 돌아올 것이다. 조정의 상문上文이 되기 위해서는 먼저 모름지기 『창려집昌黎集』을 많이 읽어야 한다"라고 조언하였다. 창려는 한유의 호이다.

　　탁영은 이후 『창려집』 공부에 진력하여 천 번을 읽은 후에야 문장에 진전이 있었다고 피력할 만큼 열의를 다하였다. 두 번째로 중국 연경을 방문했을 때 정유程愈는 탁영의 문장을 보고서 "이 사람은 동국東國의 한창려韓昌黎이다"라고 칭송하였다. 남곤南袞(1471~1527)과 권응인權應仁은 탁영의 문장을 쉬이 얻을 수 없는 능력이라고도 하였다. 여하튼 탁영은 시보다 문장에서 능력을 인정받았고, 게다가 한유의 문장과 비견되었던 인물이다. 『명종실록』에 입증할 만한 자료가 있어 옮겨 본다.

> 왕이 또 묻기를 "우리나라 조종조祖宗朝 이래 시에 능한 자가 누구인가?"라고 하니, 홍천민洪天民이 말하기를 "김종직입니다"라고 했다. 정유길鄭惟吉이 말하기를 "종직은 학문이 정치精緻하고 시와 문이 다 좋습니다. 종직 이후에는 이행李荇의 시가 좋고, 박은朴誾의 시와 김일손의 문장 또한 비할 자가 드물 것입니다"라고 하였다.

이 외에도 그의 문장에 대한 후인의 칭송은 여러 곳에서 확인된다. "김일손은 어떤 사람인가?"라는 현종顯宗의 물음에, 민정위閔挺偉가 "일손은 김종직에게서 공부하여 문장으로 세상에 이름이 알려졌는데, 연산조에 화를 당하였습니다"라고 답하였다. 탁영이 문과 복시覆試에서 「중흥책中興策」으로 일등을 차지하자, 당대 최고의 문장가이자 고시관考試官이었던 서거정徐居正이 "이번 책제策題에서 장원을 차지한 김모金某는 범상치 않은 사람임에

틀림없다. 그의 말을 들어보면 삼엄하기가 추상같고 문장을 보면 넓기가 대해大海와 같으니, 우리는 조정을 위해 제대로 된 적임자 한 사람을 얻은 셈이다"라고 하여 극찬을 아끼지 않았다.

탁영은 문장을 지엽적인 기예技藝로 보았다. 그러나 문장의 효용 자체를 부정하지는 않았다. 문장에 대한 탁영의 직접적 언급을 들어 보자.

> 아, 이 「관동록關東錄」이 어찌 시로만 볼 수 있겠는가. 바람을 떨치며 어사마御使馬를 내달려 법을 집행함에 흔들림이 없었지만, 어버이를 그리는 마음은 간절해도 미처 모실 겨를이 없었으리라. 이에 그 흥취를 부치고 생각을 자아낸 바가 강개慷慨하고 격절激切하지 않음이 없다. 옛사람들은 수레를 묻으며 곧은 신하되기를 맹세하고, 구름을 바라보며 어버이를 그리던 것과 같은 감회를 읊은 것이 대부분이고, 조금도 음풍농월하는 것을 일삼지 않았다. 평소 성정性情에서 발한 향지嚮之의 '충효忠孝' 두 가지를 이 「관동록」에서 파악할 수 있으니, 어찌 시로만 볼 수 있겠는가.······ 저 사장詞章 같은 것은 특히 말단적인 기예이다. 그러나 도道가 갖춰진 자는 반드시 말이 있고, 말이 정밀하여 사람을 감발시킬 수 있는 것이 시라면, 사장은 또한 도와 배치되는 것이 아니다.

「관동록」은 수헌睡軒 권오복權五福이 강원도어사로 나가 틈틈이 지은 시를 묶은 것이다. 인용문은 탁영이 「관동록」에 써 준 글로, 탁영의 문학관을 살펴볼 수 있는 대표적인 작품이다.

그는 내면의 수양이 이루어져 온축되는 바가 있으면 말은 자연스레 발하게 되고, 그때의 말이 시詩 또는 문사文辭라 한다면, 정밀한 문사라야만 감동을 줄 수 있다고 말한다. 그리고 이러한 내면적 수행의 방법으로 수기치인修己治人에 도움이 되는 유가적儒家的 내용을 담고 있어야 하고, 이를 위해서는 반드시 유학의 기본적 이념의 실천에 충실해야 한다고 강조한다.

음풍농월의 시는 그저 '시'이고, 말단적인 기예일 뿐이다. '그저 그런 시'가 되지 않으려면 '유가적 도'에 바탕한 시가 되어야 한다. 권오복의 시는 음풍농월의 시가 아니다. 그 속에 어사의 직책에 매진하는 관료로서의 충과, 어버이를 그리는 자식으로서의 효가 함축되어 있다. 바로 도본문말道本文末의 전형적인 문학관이다. 이렇게 본다면 탁영이 유학의 선봉을 자임하며 이단을 배척하고 적극적인 사회 참여를 자기 임무로 자각했던 한유의 문장을 전범典範으로 삼은 것은 어쩌면 당연한 귀결이라 할 수 있다.

문장이 도학과 불가분의 관계라는 이 같은 시각은 시뿐만 아니라 서화書畵에서도 마찬가지였다.

나는 서화를 잘 알지는 못하지만 그 정신만은 묘법妙法을 이해하고 있다. 서화와 시문은 아마도 한결같이 마음속 토양분에서 발로된다고 보아야 한다. 마음속에 토양분이 없다면 어떻게 꽃을 피울 수 있겠는가.

이는 그의 벗이자 화가畵家 이종준李宗準의 그림에 써 준 것이다. 이때 '마음속 토양분'은 바로 작가의 정신이다. 탁영의 경우는 유가적 수양에 의한 공부로 압축할 수 있다. 그의 작품 중 백미白眉로 일컬어지는 「추회부秋懷賦」에 대해 정암靜庵 조광조趙光祖가 "선생의 이 작품은 문장의 품격만이 천고千古에 탁월한 것이 아니다. 그 뜻이 크고 얽매이지 않으니, 자신의 평소 심경을 여과 없이 표출하였다"라고 한 품평이 이를 증빙하고 있다.

탁영은 최치원에게서 문장을 통해 국가와 시대에 충실하려 했던 지식인을 보았을 것이다. 바로 자신의 모습이다. 이 때문에 최치원의 시대에 태어났더라면 그를 섬겼을 것이며, 최치원이 자기 당대에 태어났더라면 중요한 자리에 앉아 문필로써 태평성대를 구가했을 것이라 자부하였다. 비록 최치원과 자신의 시대상황이 달랐다 하나, 문장으로 국가와 민족을 위하고자 했던 탁영의 사의식이 최치원에 대한 감개로 발현된 것이리라.

5. 사관은 직필해야 할 뿐

1512년(중종 7) 가을 어느 날, 중종은 여느 때와 마찬가지로 경연經筵에 나아갔다. 지사知事 신용개申用漑(1463~1519)가 주청하였다. "근래 사관史官의 직필直筆이 김일손만한 사람이 없습니다. 무오사화 이후 사필史筆이 공변되지 못합니다." 중종이 다음과 같이 하교하였다.

사관은 직필하여 천년 후까지 전함으로써 임금과 신하가 그 사실史實을 통하여 권장하거나 경계할 바를 스스로 헤아리도록 하라. 사화史禍에 화를 입은 사람은 모두 직필하여 그것을 경계하였다. 사필을 잡아 기록하는 사람에게 이르노니, 무릇

임금의 선악善惡과 신하의 충간忠奸을 직필하지 않고 허위 · 은폐 · 기피하는 폐단이 없도록 하라.

신용개는 자가 개지漑之, 호는 이요정二樂亭이다. 신숙주申叔 舟(1417~1475)의 손자로 점필재에게 수학하였다. 무오사화 때 점필 재의 문인이라 하여 한때 투옥되었으나 곧 서용되었고, 갑자사화 (1504) 때도 연루되어 전라도 영광에 유배되었지만 뒤이은 중종반 정으로 또 서용되어 좌의정까지 역임하였다. 인품이 뛰어나 당 대 사림士林의 존경을 받았다. 그런 신용개가 직필의 사표로서 탁 영을 거론하였고, 중종이 이를 허여하고 있다.

탁영은 특히 사관으로서의 자질이 남달랐다. 이는 성종도 익히 알고 있었다. 경연에 든 성종이 참찬관參贊官 조위曹偉에게 이렇게 말하였다.

김일손은 문장과 학문이 모두 뛰어나며 재능과 기량을 겸비하
였고, 풍채가 장대하며 기절氣節이 바르고 곧다. 논의 또한 준
엄하고 정연하여 사헌부와 사간원을 통솔할 만하고, 지략이
넓고 깊어 의정부議政府의 직책을 맡길 만하다. 나는 그의 언
론을 듣고자 하여 누차 사헌부의 요직을 맡긴 바 있고, 그의 학
문을 배우고자 경연의 직임職任과 한림원翰林院의 직위에 오래
있게 했으며, 비록 다른 관직에 제수하더라도 반드시 홍문관

과 춘추관의 직임을 겸하도록 했다. 이는 장차 보상輔相(수상)
으로서의 관직에 크게 쓰고자 함이다.

춘추관은 국가의 크고 작은 국사國事를 기록하는 기관이다.
춘추관의 기사는 실록의 기본 자료가 된다. 따라서 실록에 오른
기록은 공인을 받는 셈이고, 후대까지 역사적 권위를 갖게 된다.
때문에 무엇보다 기록자인 사관의 투철한 시대인식과 역사관을
필요로 한다.

탁영은 성종이 세상을 떠날 때까지 6년간을 요직에 있으면
서 사관직을 겸임하였다. 임금의 신뢰에 보답이라도 하듯, 탁영
은 춘추필법春秋筆法에 의거하여 시정時政의 득실, 인신人臣의 충
간忠奸을 직필하는 데 조금도 거리낌이 없었다. 「조의제문」을 사
초에 실었고, 노산군의 입후치제를 주청한 것 등이 익히 알려진
사건들이다.

이극돈李克墩이 탁영의 사초를 공개하게 된 직접적 이유는
그 사초에 자신과 관련된 내용이 들어 있기 때문이었다. 성종의
모친 정희왕후貞熹王后의 상중喪中이었을 때 장흥의 관기官妓를 가
까이한 일과 뇌물을 받은 일, 그리고 불교중흥책을 편 세조 때 불
경을 잘 암송해 출세하게 되었다는 등 자신의 비행과 치부들이
그 사초에 고스란히 포함되어 있었던 것이다. 사초를 폐기해 달
라 탁영에게 청했지만 받아들여지지 않았다. 결국 류자광柳子光

등이 당시 사림파로부터 탄핵을 받고 있던 외척세력과 함께 점필재와 탁영이 대역죄를 꾀했다고 연산군에게 아뢰면서 무오사화가 시작되었다.

사관으로서의 탁영의 진면목은 치죄治罪 과정을 통해 여실히 드러난다. 1498년 7월 12일자 실록의 치죄 내용을 직접화법으로 바꾸어 실어 본다. 심문은 연산군이 직접 하였다.

> 연산군: 네가 『성종실록』에 세조조의 일을 기록했다는데, 바른 대로 말하라.
>
> 김일손: 신이 어찌 감히 숨기겠습니까. 신이 "권귀인權貴人은 바로 덕종德宗의 후궁인데, 세조께서 일찍이 부르셨는데도 권씨가 분부를 받들지 아니했다"라고 들었기에 이 사실을 기록하였습니다.
>
> 연산군: 어떤 사람에게 들었느냐?
>
> 김일손: 사관은 전해들은 일을 모두 기록해야 하기 때문에 저도 기록했을 뿐입니다. 들은 곳을 하문하심은 부당합니다.
>
> 연산군: 실록은 마땅히 직필해야 하거늘, 어찌 망령되게 헛된 사실을 기록한단 말이냐. 들은 곳을 어서 바른 대로 말하라.
>
> 김일손: 사관이 들은 곳을 꼭 물으신다면 아마도 실록은 없어

지게 될 것입니다.

연산군: 그것을 기록하게 된 것도 분명 사정이 있을 것이고, 들은 곳도 필경 있을 것이다. 어서 말하라.

김일손: 옛 역사에 '이에 앞서'(先是)라는 말도 있고, '처음에'(初)라는 말이 있으므로, 저도 감히 전조前朝의 일을 쓴 것입니다.

연산군: 네가 출사한 지도 오래되지 않았는데, 세조의 일을 『성종실록』에 쓰려는 의도가 무엇이냐?

김일손: 좌구명左丘明은 전해들은 일을 모두 기록하였는데, 그래서 저도 기록했습니다.

연산군: 전번에 상소하여 소릉복위를 청한 것은 무엇 때문이냐?

김일손: 신이 성종조에 출사하였으니, 소릉에 무슨 정이 있겠습니까. 다만 『국조보감國朝寶鑑』을 살펴보니, 조종祖宗께서 왕씨王氏의 대를 끊지 않았고, 또 숭의전崇義殿을 지어 그 제사를 받들게 하였으며, 정몽주鄭夢周의 자손까지 그 수령首領을 보전하게 하였습니다. 이는 모두 조정의 미덕으로써 당연히 만세에 전해야 할 것들입니다. 임금의 덕은 인정仁政보다 더한 것이 없으므로, 소릉복위를 청한 것은 임금으로 하여금 어진 정사를 행하시게 하려는 것이었습니다.

탁영의 논리는 간단하다. 어떤 경우에도 사관은 '보고 들은 바를 사실대로 기록해야 한다'는 것이다. 이것이 사관의 자세이다. 이렇게 하는 것이 역사를 바로 세우는 일이며, 군주를 보필하는 사관의 바른 자세라 주장하고 있다. 그 어떤 사욕私慾과 사견私見도 배제되어야 국사의 투명성과 공정성이 보장된다는 것이다.

탁영은 이러한 기본 원칙이 임금뿐만 아니라 나라 전체에도 적용되어야 한다고 여겼다. 때문에 나라에 왕사王史인 실록이 있듯, 지방에는 야사野史가 있어야 한다고 주장하였다.

국가에는 예문관이 춘추관을 겸하면서 시사時事 기록을 맡고 있습니다만, 지방은 야사가 없기 때문에 불법을 저질러도 악명이 후세까지 전해지지 않습니다. 품행이 탁월하고 기위奇偉한 사람의 이름도 아울러 묻혀서 전해지지 않습니다. 지방에도 정치와 풍화風化에 관계되는 일을 기록하는 기주관記注官을 두어야 합니다.

온 나라의 '춘추필법화春秋筆法化'를 주장하고 있다. 어느 누구도 어떤 것도 '사실'의 정당성에서 어긋나거나 감춰져서는 안된다는 것이다. 이를 통해 민심을 다스리고, 풍속을 교화하며, 후세를 경계하고자 하였다. 사관으로서의 그의 원대한 포부와 자존감을 엿볼 수 있다.

무오사화 이후 탁영은 '직필의 사표'로 대표되었다. 『인조실록』(1634년 12월 11일조)에 의하면, 당시 춘추관 당상관들이 사관이 기록한 일기를 일일이 열람하고 점검한 사건이 발생하였다. 그 아래 사평史評에 이르기를 "연산군 때 류자광이 사초에 자기의 의논이 있는 것을 싫어하여 사화史禍를 일으켰는데, 김일손 등이 모두 이로 인해 죽임을 당하였다. 그런데 지금 사관이 기록한 일기를 가져다가 일일이 점검하니, 이러고서도 직필하기를 바랄 수 있겠는가"라고 하였다. 영조(『영조실록』, 1727년 10월 26일조) 때에도 사사로이 실록에서 누락시키거나 기록의 공정성을 상실한 폐단을 들어 "작게는 류자광과 같은 환란도, 크게는 이사李斯와 같은 분서焚書의 변란도, 결국 이런 것에서부터 시작되었다. 그러니 어찌 두렵지 않겠는가"라고 경계시키고 있다.

『탁영집』의 서문을 쓴 우암尤庵 송시열宋時烈의 아래 언급은 이 모두를 아우르는 총평에 가깝다.

일찍이 공자께서 노나라 정공定公과 애공哀公의 사실史實을 완곡하게 덮어 둔 것은 임기응변에 능한 성인聖人의 대승적大乘的 처사가 아니고는 끝내 본받을 수 없는 일이었다. 사필을 잡은 사관은 오직 직필하는 것만이 그 직분이 아니겠는가. 선생은 우주 간의 간기間氣를 타고나시어 그 태어남이 우연이 아닌데, 그 죽음을 어찌 사람이 능히 할 수 있었겠는가.

♠ '탁영'이라는 호

　김대유가 쓴 탁영의 연보에는 모두 6개의 호號가 보인다. '이당伊堂', '운계은사雲溪隱史', '소미산인少微山人'은 이름에서 드러나듯 탁영이 살던 청도의 지명을 따서 지었다. 그가 태어난 곳은 청도 운계리 소미동少微洞이었다.

　'영귀학인詠歸學人', '와룡초부臥龍樵夫'는 부친과 초취부인 단양우씨가 연이어 세상을 떠난 후 외직을 청해 진주향교 교수로 내려왔다가 이마저도 사직하고 고향에 돌아온 후 사용하였다. 이때가 탁영의 나이 25세(1488)였다. 그해 옛집(현 자계서원) 동쪽의 와룡봉臥龍峰 아래에 운계정사를 신축해서 강학하고, 그 곁에 영귀루詠歸樓를 세워 소요逍遙하고 자적自適하는 곳으로 삼았다.

　그 외에도 '반계거사磻溪居士'라는 호를 사용하였다. 29세인 1492년(성종 23) 충청도 목천木川 반곡磻谷에 죽림정사竹林精舍를 신축한 것이 계기였다. 반곡은 재취부인 예안김씨의 친정이 있는 목천현 동쪽 작성산鵲城山 밑에 있었다. 그곳에 일찍부터 별서別墅를 마련해 놓고 오가며 휴식 공간으로 사용했었는데, 이때 새로 정사를 신축하였던 것이다. 탁영의 호는 대개 주거지 중심으로 지어졌고, 이를 통해 삶의 이동 반경을 대강이나마 확인할 수 있다.

　그런데 우리에게 알려져 있는 '탁영濯纓'이란 호는 지명과도 관련되지 않을 뿐더러 연보에도 보이지 않는다. 현전하는 그의 생전 기록에서는 '탁영'이란 호를 확인할 수가 없다. 그러나 그의 연보에서 연결고리를 찾을 수는 있다. 25세조 연보 기록을 확인해 보자.

집 동쪽 기슭에 대臺를 쌓아 '탁영대濯纓臺'라 새겼다. 탁영대 앞에는 네모난 연못을 파고 시냇물을 끌어와 누각 아래를 경유해서 모이게 하였는데, 이를 '천운담天雲潭'이라 하였다. 끌어온 물은 '활수活水'라 이름하고, 작은 돌에 새겨 누각 앞에 세웠다. 선생이 손수 쓴 「운계정사상량문雲溪精舍上樑文」과 「영귀루기詠歸樓記」및 「탁영대기濯纓臺記」가 있다.

안타깝게도 탁영이 지었다는 세 작품은 현전하지 않는다. 다만 남명南冥 조식曺植(1501~1572)이 쓴 김대유의 묘갈墓碣(「宣務郞戶曹佐郞金公墓碣」)에서 "숙부는 휘를 일손이라 하는데, 탁영선생이 그분이다"라고 한 기록을 볼 수 있다. 남명은 김대유의 절친이었다. 현전하는 것으로는 가장 빠른 기록이 아닐까 짐작된다.

그러나 이것만으로는 탁영이 당대에 '탁영'이라 자호自號했다고 확언할 수 없다. 남명이 김대유의 묘갈을 쓴 시기는 자세하지 않다. 아마도 교유 과정에서 '탁영'이란 호에 대해 들은 것이 아닐까 추측된다. 탁영이 생전에 '탁영'이라 자호했다면, 김대유

탁영대와 천운담

탁영대 석각 (디지털청도문화대전, 청도군, 2013)

가 『탁영선생연보』에서 이것만 빠뜨리지는 않았을 것이다. 탁영 사후에 일컬어진 '호'가 아닐까 짐작된다. 그리고 '탁영'이라 명명命名한 이를 굳이 꼽으라면, 김대유가 가장 유력할 듯싶다. 현전하지 않지만, 위의 세 작품 속에서 탁영이 이에 대한 자신의 뜻을 충분히 밝혀 놓았을 것이고, 김대유가 이를 적극 수용하여 사후에 명명했다는 추론이다. 물론 이것은 하나의 추론일 뿐이다.

없어진 세 작품에 대한 안타까움은 이에서 그치지 않는다. 탁영의 호 '탁영'은 과연 어떤 의미였을까. '탁영'은 '갓끈을 씻는다'는 뜻이다. '탁영'의 어원語源은 두 곳에서 찾을 수 있다.

먼저 잘 알려져 있는 굴원屈原의 「어부사漁父辭」가 그 하나이다. 중국 전국시대戰國時代 초楚나라 삼려대부三閭大夫였던 굴원이 모함과 시기를 받아 양자강가로 귀양을 왔다. 그가 유배 와 있는 동안 초나라는 그의 우려와 근심에도 불구하고 점점 피폐해지더니 결국 진秦나라에 멸망하고 말았다. 「어부사」는 울분과 절망으로 매일 양자강가를 거닐던 굴원과 낚시하던 어부와의 대화로 이루어져 있다.

잘 나가던 양반이 왜 이렇게 쫓겨나 초라한 신세가 되었느냐고 묻는 어부에게, 굴원이 다음과 같이 답하였다. "세상이 모두 혼탁한데 나만 홀로 맑고, 뭇 사람이 다 취해 있는데 나만 홀로 깨어 있다가, 이렇게 추방되었소이다." 어부는 대뜸 책망하듯 말하였다. "이런 미련한 양반을 봤나. 그렇다면 당신도 세상과 더

불어 어우렁더우렁 섞여서 살아가면 될 것이지, 무슨 부귀영화를 보겠다고 나라를 위해 그리도 애달파하고 고결하게 처신하다가 이런 꼴을 당했단 말이오." 굴원이 단호하게 말하였다. "금방 머리를 감은 사람은 갓의 먼지를 털어서 쓰고, 막 몸을 씻은 사람은 옷의 먼지를 털어내고 입는다 하였소. 죽는 한이 있더라도 어찌 맑고 깨끗한 몸에 세상의 더러운 먼지와 티끌을 뒤집어 쓸 수 있겠소?' 그의 말을 들은 어부가 배를 저어 떠나가며 노래하였다.

> 창랑의 물이 맑거든 내 갓끈을 씻고,
> 창랑의 물이 흐리거든 내 발을 씻으리.
> 滄浪之水淸兮, 可以濯我纓,
> 滄浪之水濁兮, 可以濯我足.

어부의 노래는 세상의 청탁淸濁에 따라 순응하며 살아가라고 말한다. 굴원은 순응할 수 없어 결국 멱라수에 목숨을 버리는 극단의 결정을 하였다. '창랑의 물이 맑다' 는 것은 정도正道가 행해지는 치세治世를 일컫는다. 정도가 행해지는 치세라면 갓끈을 씻는다고 하였다. 작자의 주체적 역동성보다는 주어진 시대의 청탁에 따라 자신의 처세를 결정한다는 의미이다. 개인적 주체성이 확보되지 않는다고 말할 수는 없지만, 사회적 관점에서 보자면 수동적 성향을 지닌다.

또 다른 것으로는 『맹자孟子』「이루 상離婁上」을 참고할 수 있다. 먼저 『맹자』의 해당 구절인 8절節의 전문全文을 실어 본다. 인용문은 모두 '맹자의 말'(孟子曰)이다.

어질지 못한 사람은 더불어 큰일을 의논할 수 있겠는가. 그들은 위험을 편안하게 여기고, 재앙을 유리하게 여겨서, 자신을 망하게 만드는 것을 즐기는 자들이다. 그래도 어질지 못하지만 더불어 이야기를 나눌 수 있다면, 어찌 '나라를 망하게 하고 집안을 망치게 하는 일'이 일어날 수 있겠는가.

어린아이(孺子)가 노래하기를 "창랑의 물이 맑으면 내 갓끈을 씻고, 창랑의 물이 흐리면 내 발을 씻는다"라고 하였다. 공자께서 말씀하시기를 "제자들아, 이 노래를 들어 보아라. 물이 맑으면 갓끈을 씻고 물이 흐리면 발을 씻으니, 이것은 물이 스스로 그것을 취한 것이다"라고 하였다.

무릇 사람은 반드시 스스로 업신여긴 연후에야 남들이 그를 업신여기고, 집안도 반드시 스스로 망하게 한 후에야 남들이 그 집안을 망하게 하며, 나라도 반드시 스스로 정벌한 연후에야 남들이 그 나라를 정벌한다. 「태갑太甲」에 이르기를 "하늘이 만든 재앙은 그나마 피할 수 있지만, 스스로 만든 재앙은 모면할 수가 없다"라고 하였으니, 이를 두고 한 말이로다.

이 구절은 「어부사」의 구절을 그대로 인용하면서도 그 의미가 「어부사」와는 다르다. 「어부사」에서는 '탁영' 할 것인가 '탁족' 할 것인가의 선택이 '물의 청탁' 에 따라 달라진다. 반면 『맹자』에서는 이를 선택하는 주체가 '물' 이다. 창랑의 물이 스스로 맑으면 갓끈을 씻고, 물이 흐리면 발을 씻도록 하는 것이다. 물이 스스로 판단해서 자신의 청탁에 따라 갓끈과 발을 선택한다. 때문에 물의 입장에서 보아 '탁영' 할 것인가 '탁족' 할 것인가는 오롯이 '물' 에 달려 있는 것이다.

이어 맹자는 이를 '인간' 에게 적용시키고 있다. 세상의 청탁 유무에 따라 피동적으로 '탁영' 과 '탁족' 을 결정할 것이 아니라, '물=인간' 이 이를 주체적으로 결정해야 한다는 뜻이다. '탁영' 할 것인가 '탁족' 할 것인가는 내 자신의 처신과 인격에 달려 있다. 때문에 인간은 물론이고, 한 집안이나 한 국가에 있어서도 언제나 주체적 자아인 '나' 의 중요함을 강조하고 있다. 세상의 중심은 늘 '나' 이기 때문이다.

우리는 탁영의 호가 위 둘 중 하나에서 연유했음을 믿어 의심치 않는다. 탁영의 세 자작품이 현전하지 않는 시점에서 '탁영' 의 뜻이 어느 쪽일까는 단언하기 어렵다. 그가 귀향하여 운계정사를 짓고 탁영대를 쌓을 때는 「어부사」의 '탁영' 과 크게 다르지 않은 감회였을 것이다. 그의 관료생활은 자고 일어나면 승진될 만큼 가파른 상승세를 탔지만, 그의 마음속에는 언제나 '탁영'을 꿈꾸는 염원이 내재해 있었다. 매번 사직을 청하고 또 청하는 그의 행보에서도 이를 접할 수 있다.

　다만 탁영이 당대를 정도가 행해지는 '창랑의 물이 맑은 치세'로 보았을지는 의문이다. 그보다는 오히려 그런 시대를 추구하고, 그런 시대를 그리는 자신의 염원을 '탁영'이란 호에 담은 것이 아닐까 생각해 본다. 그렇다면 「어부사」보다는 『맹자』의 '탁영'에 더 가까울 것이다. 발이 아닌 갓끈을 씻을 수 있는 세상을 위해 자신의 고결함을 지키고 노력하는 삶이다. 실은 탁영의 일생이 그러하였다.

　그의 삶이 워낙 열정적이었고, 또 수백 년의 역사 속에서 인구人口에 회자膾炙되었던 호인지라, 별다른 의구심 없이 받아들여졌던 것이 사실이다. 그러나 그의 전체 삶을 본다면 「어부사」에서 말하는 세상의 청탁에 맡겨 순응하며 사는 '탁영'은 결코 아니었다. 그는 치열하게 세상과 부딪히며 살아가되, 갓끈을 씻을 만한 맑은 물이 흐르는 치세를 만들기 위해 역동적으로 살았다. 인간의 삶은 언제나 그 목표를 향해 끊임없이 노력하는 과정일 뿐이다. 이 때문에 생전에는 '탁영'이란 호를 사용하지 않았는지도 모르겠다.

제3장 탁영가를 지켜 온 사람들

1. 종가의 서막을 열다, 조부 김극일

　　김극일과 관련한 기록으로는 김종직이 쓴 「절효김선생효문비명節孝金先生孝門碑銘」과 용주龍洲 조경趙絅(1586~1669)이 쓴 「절효선생효문명발節孝先生孝門銘跋」이 있다. 그는 '삼현파'의 첫 번째 인물이다.

　　탁영의 부친 김맹은 자신의 벗인 김종직에게 두 아들 기손과 일손을 수학하러 보내면서 부친의 효문비명을 청하였다. 김종직이 이 글을 지을 적에는 탁영과 김대유가 너무 어려서 내용에 이름이 언급되지도 않는다. 이후 1615년 자계서원을 중건하면서 삼현을 함께 봉안한 청도 인사人士들이 효문비를 다시 세우고, 아울러 탁영과 김대유의 일을 비석에 새기고자 하였다. 어찌어찌

하여 1636년에야 비석을 다시 만들었지만, 어떤 연유에선지 곧바로 세우지 못하고 그로부터 16년이 지난 1651년에 이 일을 마무리하였다. 조경의 발문은 이때 지은 것으로, 내용은 김종직의 글보다 오히려 소략하다.

김극일은 자가 용협用協이고, 호는 모암慕庵이다. 부친은 의흥현감義興縣監을 지낸 서湑(1342~1420)이고, 부인은 한성부윤 이간李暕의 딸이다. 그는 극진한 효행으로 이름났다. 어려서부터 성품이 착해 부친의 곁을 한시도 떠나지 않았다. 부친이 만년에 두 첩을 두었는데, 이로 인해 모친이 마음을 상하여 식사를 거르곤 하였다. 김극일은 겨우 여덟 살이었는데도 밥을 먹지 않고 어머니가 식사하기를 기다려서 먹곤 하였다.

35세(1416) 되던 봄, 어머니가 몸에 난 종기로 인해 몹시 고통스러워하자 친히 그 피고름을 빨아내어 병을 낫게 하였다. 그해 가을 모친상을 당해서는 물 한 모금도 입에 들이지 않아 거의 죽을 지경에 이르렀다. 집에서 30리 떨어진 풍각현豊角縣에 장사 지내고 시묘하였는데, 매일 조석으로 상식上食하고는 집으로 와서 부친을 보살피고 다시 돌아갔다.

그로부터 5년 뒤(1420) 부친이 몸져누워 자주 설사를 하였다. 이는 술을 너무 좋아하여 창자가 문드러져서 생긴 병이라 생각하고는, 용기에 변을 담아 땅에 묻어 두었다가 꺼내 맛을 보았다. 그러고는 얼마 못 가 큰일을 당할 것을 알고 크게 상심하였다. 부친상을 당하자 어머니 때보다 더 극진히 시묘살이를 하였다. 새벽부터 저녁까지 묘 옆에 엎드려서 슬퍼하기를 하루도 거르지 않았다.

그의 지극한 효심을 알게 하는 유명한 일화가 전한다. 어느 날 호랑이가 와서 그의 곁에 웅크리고 앉아 있었다. 그는 전혀 두려워하지 않았고, 호랑이도 해치려는 기색이 전혀 없었다. 제사에 쓰고 남은 음식을 주면 호랑이가 먹고 갔다가 다시 오곤 했는데, 한 번도 해를 끼치지 않았다. 마을 사람들이 호랑이도 그의 효심에 감동한 것이라 칭송하면서도 매우 기이하게 생각하였다고 한다.

두 서모庶母를 부친이 살아계실 때보다 더 공경히 섬겼으며, 두 분이 세상을 떠나자 극진히 장례를 치르고 일 년 동안 심상心喪의 예를 다하였다. 매년 시제時祭 때는 반드시 지방紙榜을 써서 제사하였다. 김극일은 장인 이간이 현직에 있으면서 출사를 권하였으나, 어버이가 연로하여 곁을 떠날 수 없다는 이유로 사양하였다. 벼슬은 통덕랑通德郎·사헌부지평을 지냈다.

그는 세상을 떠날 때까지 『소학』을 읽고 힘써 실천하였다. 『소학』과 관련한 짧은 이야기 한 토막을 소개한다. 그가 태어나기 전 어느 날, 부친의 꿈에 주자朱子(朱熹, 1130~1200)가 현몽하였다. 주자는 『소학』 한 권을 건네주면서 말하기를 "이 아이가 태어나 이 책을 읽고 깨달으면 하늘이 낸 효자가 될 것이다"라고 하였다.

그는 집안의 자제뿐만 아니라 제자를 가르칠 적에는 특히 장공예張公藝의 일화로 면려시키곤 하였다. 장공예는 당나라 때 사람으로, 9대의 친족이 한집에서 살았다. 언젠가 당唐 고종高宗이 내방하여 '어찌하면 이 많은 식구가 이렇듯 화목하게 살 수 있는지'를 물었다. 그러자 장공예는 '참을 인忍' 자를 백 번 써서 올렸다고 한다. 그가 가족 또는 친족 간의 화목을 얼마나 중요시했는지를 알 수 있다. 그리고 마을 사람들에게도 친목을 도모하는 목족계睦族契를 만들게 하여, 이웃 간의 어려움을 서로 돕는 교화를 솔선하였다.

그가 75세로 세상을 떠나자 그의 행실에 감화되었던 고을 사람들이 논의하여 사시私諡를 '절효節孝'라고 하였다. 청도군수 이기李椅가 그 실상을 갖추어 조정에 알렸고, 조정에서는 정려旌閭를 내렸다. 그의 효행은 『속삼강행실續三綱行實』에 등재되어 있다.

김종직은 효문비명의 말미에서 "효도가 모든 행실의 근본인데, 공의 순수하고 돈독함이 이와 같으니, 증삼曾參이나 검루黔婁와 오랜 세월을 두고 우열을 다툴 만하다. 내가 듣건대, 덕이 있는 사람은 반드시 후손이 있다고 하였다. 이미 선생이 있어 후사가 되었고, 선생 형제의 자식들이 장차 우뚝하니 두각을 드러내어 선대의 업을 훌륭하게 완성할 자가 한둘이 아니다. 이것이 바로 후사가 있는 것이다"라고 하였다.

모암재 (김극일을 모신 재실)

김극일 정려비

세종은 특별히 어제시御製詩를 내려 그의 효행을 칭송하고, 그 영예가 후손에게도 이어지기를 명하였다. "행실은 삼강록에 실리었고, 어진 덕은 일백 사람에게 전해지네. 효행이 지극하여 나라에서 사패지賜牌地를 하사하고, 춘추 만대에 향화香火가 끊어지지 말게 할지어다. 그 자손에게 연년세세年年歲歲 부역을 시키지 말고, 대대로 후한 상을 내리게 하라. 감사와 수령들은 이 자손에게 세금 외에는 일체 잡부금을 거두지 말라."

그의 효행은 1661년(현종 2) 4월 자계서원을 사액하고 내린 「편액을 하사하면서 치제하는 제문」에서 보다 명확한 의미를 찾을 수 있다.

선비에겐 백 가지 행실 있으나	士有百行
효도가 그중 가장 근본이라네.	孝爲之源
누군들 타고난 재능이 없겠는가만	孰無良能
늘 보존하는 사람은 드물다네.	鮮克恒存
최상의 것은 덕을 세움이요	太上曰德
다음이 후세에 전할 교훈이라.	次之효言
둘을 겸하기는 세상에 드물거늘	世罕兼有
지금 여기 한 집안에서 나왔다네.	今出一門
절효공이 그 기반을 열어서는	節孝倡業
무엇보다 먼저 근본을 세웠다네.	先立本根

자식 된 직무는 공경히 하는 것	子職是恭
타고난 윤리가 돈독해졌다네.	秉彝之敦
물심양면으로 봉양함은	志物之養
증삼과 증원 부자에 부끄럽지 않았고	無愧參元
혈변을 맛보는 그 정성은	嘗痢之誠
검루와 아울러 일컬어지지요.	黔婁竝論
피눈물을 흘리며 시묘하였고	泣血盧墓
걸어가서 아침저녁으로 문안하였네.	徒步晨昏
이러한 행실이 신명을 감동시키어	行感神明
그 감화가 짐승에게까지 미치었고	化及鷄豚
사나운 호랑이도 감동을 받아서	猛獸且格
곁에서 묘소를 지켜 주었지요.	來衛丘原
장엄한 정려문을 하사하시어	有儼棹楔
그 마을에 정표를 하였다네.	表旌厥村
벼슬이 나이나 덕행만 못하지만	莫如齒德
이를 모두 달존이라 부르지요.	是謂達尊
이 세 가지 중 하나를 남겨서	遺一於三
후손들에게 물려주었다네.	貽厥後昆

인용문 속 '증삼'은 공자의 제자이자 효행으로 유명한 증자
曾子이고, 증원은 증자의 아들이다. 효는 공자 사상의 핵심이자

근원이다. 증자는 이러한 효를 가장 잘 실천한 대표적 인물이었다. 『논어論語』와 『맹자孟子』에는 증자뿐만 아니라 이들 세 부자의 효행이 실려 전한다.

유가사회에서의 효는 자신의 신체를 보존하고 부모를 잘 봉양하며 종족을 존속시키는, 가족사회를 바탕으로 한 윤리이다. 이는 부모에 대한 자식의 사랑을 표현하는 것에서 그치지 않고, 모든 인간관계의 기본이자 나아가 사회 구성원에게로 확충해 나가는 사회적 의의를 지닌다. 때문에 유가에서는 특히 강조되어 온 덕목이다. 공자는 '부모에게 효도하고 형과 웃어른에게 공손함은 인仁을 실천하는 근본'이라 강조하였다. 맹자가 '효를 백행百行의 근본'이라 한 이후로, 효는 보편적이고 기본적인 도덕규범이자, 인간사회에 있어 모든 질서의 근원이라 인식되었다.

맹수조차 감동시킬 만큼 극진했던 김극일의 효행은 증자의 효와 견주어도 부끄럽지 않은 것이었다. 뿐만 아니라 자신에게서 그치지 않고 후손에게 잘 계승시킴으로써, 여섯 아들은 물론 탁영과 김대유 같은 후손을 있게 하였다. 이는 인용문에서 언급하였듯 '절효공이 그 기반을 열어서, 먼저 그 근본을 세웠기' 때문이었다. 김극일은 바로 삼현파 탁영종가의 서막을 열어 준 첫 번째 인물이었다.

2. 탁영 연보를 남기고, 조카 김대유

청도 학일산鶴日山의 줄기가 동창천東倉川을 따라 뻗어 내리다 수그러드는 기슭 절벽에 우뚝하니 선 정자亭子가 있다. 앞에는 맑은 동창천이 유유히 흐르고, 세상을 품에 안은 듯 탁 트인 절경이 펼쳐 있다. 바로 삼족당三足堂 김대유金大有(1479~1552)가 은거하던 삼족대三足臺이다. 삼족대는 1987년 5월 13일 경상북도 문화재자료 제189호로 지정되었다가, 2013년 4월 8일 경상북도 민속문화재 제171호로 승격되었다. 경상북도 청도군 매전면 청려로 3836-15에 위치하고 있다.

김대유의 자는 천우天佑이고, 삼족당은 그의 호이다. 8세 때 계부인 탁영에게 『소학』을 배웠다. 열 살 때 탁영이 운계정사를

삼족대 원경

삼족대 현판

지어 강학하자, 계부를 찾아오는 남효온·홍유손·정여창·김 굉필 등 당대 명현들을 가까이에서 접하였다. 그들과의 만남은 그의 인생에 많은 영향을 끼쳤다.

13세(1491, 성종 22)에는 계부에게서 『소학집설小學集說』을 배웠다. 『소학집설』은 『소학』의 여러 주해註解를 모아 놓은 책으로, 탁영이 1490년 11월 진하사서장관進賀使書狀官으로서 중국 연경에 갔다가 가져와서 반포한 것이었다. 탁영은 이때 두 번째 사행使行이었는데, 『소학집설』의 편찬자 정유程愈를 만났고, 헤어짐에 즈음하여 『소학집설』을 선물로 받았다. 귀국해서는 이 책이 당시 통용되고 있던 『소학』과 다른 내용이라는 발문을 붙여 진상하였고, 성종은 즉시 인쇄하여 반포할 것을 명하였다.

무오사화로 인해 부친과 함께 전라도 남원으로 유배되었다가 중종반정(1506)으로 해배되어 돌아왔다. 이듬해 9월 진사시에 합격하였다. 겨울 10월에는 사화 당시 양주楊州 석교石橋 언덕에 임시로 안장했던 탁영의 시신을 목천木川 작성산鵲城山으로 이장하였다. 그리고 이태가 지난 1508년에는 다시 고향인 청도 수야산水也山으로 반장返葬하였다.

40세인 1518년, 청도의 유생과 함께 자계사紫溪祠를 건립하여 탁영을 제향하였다. 이해 가을 유일遺逸로 천거되어 전생서직장典牲署直長에 제수되었으나 곧 사직하였다. 또한 동향의 지기知己인 소요당逍遙堂 박하담朴河淡(1479~1560)과 함께 동창東倉을 설립

하여 빈민구제에 힘썼다. 청도는 동·서쪽으로 언양彦陽과 경주慶州를 잇는 접경지역이다. 두 곳을 이어 주는 관도官道가 청도 운문산雲門山 골짜기를 경유하는데, 한 곳의 원院과 두 곳의 역驛으로 연결되어 있었다. 이 일대는 긴 냇물이 굽이쳐 흐르고 수석水石도 험악하여 비가 조금만 내려도 사람이 통행하지 못했다. 때문에 관곡官穀을 출납할 때마다 백성들의 고통이 이만저만이 아니었다. 그러자 삼족당이 박하담과 의논하여 그 폐단을 방백方伯에게 진정해 처음으로 사창을 설치하였던 것이다. 『기묘록己卯錄』에 보인다.

41세(1519) 때 탁영의 유고遺稿를 수집하여 처음 간행하였다. 이보다 앞선 1512년에 탁영의 유문遺文을 찾으라는 중종의 교지가 있었지만, 그 당시는 출간하지 못했다. 다행히 이번에는 경상도관찰사로 부임한 모재慕齋 김안국金安國(1478~1543)의 재정적 지원으로 문집 간행을 무사히 마칠 수 있었다.

이해 4월 천과薦科(현량과)의 전시殿試에 나아갔다. 중종이 전년도에 전교하기를 "나라를 다스리는 일은 인재가 가장 우선이고, 어진 이를 천거하는 일은 재상에게 달려 있다. 여러 어진 이의 도움으로 나라가 잘 다스려지기를 바라노니, 널리 묻고 두루 찾아서 나의 뜻에 부합되게 하라"라고 하였고, 한 해가 지나 비로소 시행하게 된 것이다. 중종은 친히 근정전勤政殿에 나와 시험을 주관하였다. 김대유는 대책對策으로 합격하여 곧바로 성균관

전적에 제수되었다. 이어 호조좌랑 겸 춘추관기사관이 되었다가 사간원정언이 되었으나, 사양하고 나아가지 않았다. 여러 차례의 관직 제수에도 출사하지 않자, 외직인 칠원현감漆原縣監을 제수하였다. 그러나 김대유는 부임하였다가 정국의 기미를 보고 몇 달 만에 물러나 운문산 아래 우연愚淵 가에 집을 짓고 '삼족당' 이라 자호하였다. 마침 이해에 기묘사화己卯士禍가 일어나 관작을 모두 삭탈 당하였고, 이후로는 출사하지 않았다. 교유한 이로는 박하담 외에도 남명南冥 조식曺植(1501~1572)·송계松溪 신계성申季誠(1499~1562) 등 당대 석학들이 있다.

현전하는 『삼족당일고三足堂逸稿』는 1963년에 간행한 3권 1책의 목판본이다. 삼족당의 14세손 김재곤金載坤은 계묘년 10월 1일에 쓴 문집 발문에서 "예전 호남에서 주조한 것이 있고 또 백곡柏谷에서 판각한 것이 있다. 그러나 여기에 실린 것은 저기에 빠지고, 저기에 실린 것은 여기에 빠져서 둘 다 부족한 점이 있으니 완본完本이라 할 수 없다"라고 하면서, 이 문집을 간행하게 된 경위를 밝혀 놓았다. 이에 근거해서 본다면, 예전의 두 판본을 비교하고 교정하여 완전본을 만들려 애쓴 것임을 알 수 있다.

그의 문집에는 많은 일화가 전한다. 주로 기묘명현己卯名賢의 한 사람으로서 그들의 일화를 기록한 『기묘당적己卯黨籍』과 『남명사우록南冥師友錄』 등에 전하는 기사를 수집한 것이다. 그중 하나를 소개해 본다.

중종은 즉위하자마자 현량과를 다시 실시하여 많은 인재를 불러들였다. 김대유는 벼슬에 제수하는 명을 받고도 양식을 가지지 않고 길을 떠났다. 어떤 사람이 "길이 멀어 도중에 양식이 떨어지면 어찌할 것이오?"라고 물었다. 그가 웃으면서 "나라에서 오랫동안 우리를 버려두었다가 등용하니 현縣의 관리가 양식을 챙겨 줄 것이고, 서울에 가면 후한 녹을 받을 것인데 어찌 양식이 떨어지는 것을 걱정하겠소?"라고 답하였다.

사람들은 그의 뜻을 헤아리지 못했다. 그런데 대구大邱에 도착한 그가 말하기를 "오랫동안 물러나 한가히 지내다가 갑자기 먼 길을 오니 그만 병이 나고 말았다. 그래서 더 이상 길을 갈 수가 없다"라고 하고는, 수레를 타고 돌아와 끝내 출사하지 않았다고 한다.

김대유가 계부 탁영을 위해 일생 노력한 일은 참으로 많았다. 그중 가장 의미 있는 것을 꼽으라면, 단연 탁영의 연보를 편성한 일이다. 그는 70세가 되는 1548년, 탁영이 손수 쓴 일기와 자신이 보고들은 바를 참고하여 이해 1월 연보의 초고를 완성하였다. 그러고는 양자로 간 동생 대장大壯에게 주어 훗날을 기약하였다.

그러나 이 연보는 곧바로 간행되지 못하였고, 어떤 연유에서인지 집안에서 제대로 보관하지도 못하였다. 심지어 문중에서는 이 연보의 존재조차 모르고 살았다. 그러다가 삼백여 년이 지난

1874년 12세손 창윤昌潤(1809~1887)에 의해 비로소 세상에 알려지게 되었다. 김대유는 생전의 탁영을 가장 가까이서 모시고 또 수학한 인물로, 누구보다도 탁영에 대해 상세히 알고 있었다. 따라서 연보의 내용 또한 매우 자세하고 정밀하다. 기존의 문집에서 빠졌거나 잘못되어 수정하고 보완할 내용도 많이 있었다. 예컨대 세 번의 소릉복위 상소는 탁영의 삶에서 매우 중요한 부분인데, 이 연보가 발견되고서야 그 전말을 제대로 확인하고 문집에 수록할 수 있었다.

삼족당을 가장 잘 이해했던 사람은 남명 조식이었다. 그들은 20여 세의 나이 차에도 불구하고 절친한 망년우忘年友였다. 두 사람과 관련한 크고 작은 일화가 많이 전해진다.

남명이 삼족당을 방문하여 함께 잠을 자다가 느닷없이 그를 깨웠다. "내 소문을 듣자하니 조만간 그대에게 벼슬이 내려질 거라고 합니다." 김대유가 잠자리에서 벌떡 일어났다. "그것이 누구의 말이오?" 후에 남명은 이 일을 두고 다음과 같이 평하였다. "그가 항상 재주와 기량을 세상에 베풀기를 생각하고 있기에 내가 시험해 본 것인데, 과연 관작官爵에 마음이 흔들렸다."

김대유는 임종 때 노복에게 음악을 울리게 하면서 숨을 거두었다. 이를 두고도 남명은 삼족당이 생사에 대해 초연하지 못했기 때문이라고 하였다. 이러한 언급들은 삼족당에 대한 남명의 깊은 이해를 반영한다. 절친한 지기라 하더라도 그 사람의 내면과 소통하지 않았다면 가능치 않기 때문이다. 칭송 일색의 여타 기록과는 달리 두 사람의 진솔한 사귐을 엿볼 수 있다.

> 나이 예순을 넘겼으니 목숨도 족하다. 사헌부와 사간원에서 벼슬을 했으니 영예도 족하고, 조석으로 고기반찬을 먹으니 음식도 족하다. 내가 보기에는 수신修身의 쓰임에 족하고, 제가齊家의 쓰임에 족하고, 치국治國의 쓰임에 족하니, 사는 집을 '삼족三足'이라 한 것이 마땅하지 않겠는가. 주인은 모습이 두려워할 만하고, 얼굴빛이 장엄하고, 말에 신의 있음이 또한 아름답지 않은가. 때에 어두우면 영욕이 이르지 않아 내 몸을 보존할 수 있고, 일에 어두우면 비방과 칭찬에 마음이 움직이지 않아 내 마음을 기를 수 있고, 욕심에 어두우면 하는 것이 분수를 넘지 않아 내 분수에 편안할 수 있다. 이것이 우연가에 집을 짓고 '삼족당'이라 이름 붙인 뜻이다.

이 글은 박하담이 삼족당에 쓴 기문으로, 김대유의 삶을 단적으로 표현하고 있다. 그의 '삼족'은 대체로 수족壽足·영족榮足·식족食足의 뜻을 취하였다. 그리고 그 이면에는 자연 속에 살며 둔세무민遯世無悶하겠다는 의지를 드러내었다. 세상이 어지러워 출사하지 않더라도 수신修身에 힘쓴다면 그것으로 충분하다는 것이다.

삼족당의 이러한 처세는 박하담뿐만 아니라 남명을 비롯한 당대 석학들이 공인했던 것으로 보인다. 특히 삼족당에 대한 남명의 '인정'은 남다른 데가 있었다.

세상을 뒤덮을 만한 영웅인데 지금은 세상을 떠나고 없으니, 아! 애석하다. 내가 남을 보증하는 경우가 대체로 드문데, 유독 천하의 훌륭한 선비로 인정해 주는 사람이 공公이다. 어떤 때에 보면 단아한 모습으로 경사經史를 토론하는 큰선비이고, 또 다른 때에 보면 훤칠한 키에 활쏘기와 말달리기에 능숙한 호걸이다. 홀로 서당에 거처하면서 길게 노래를 부르고 느릿느릿 춤을 추기도 하는데, 집안사람들은 아무도 그의 의중을 짐작하는 이가 없었다. 이는 그가 타고난 본성을 즐겨 노래하고 춤추는 때였다. 자연에 몸을 맡겨 낚시하고 사냥할 때에는 당시 사람들이 관직에서 쫓겨난 사람인 줄 알았는데, 이는 세상을 피해 숨어 사는 것을 근심하지 않고 재주를 감춘 것이었다. 그러나 덕을 같이 한 내가 보기로는 국량이 크고 깊어 부지런히 인仁을 행하고, 언론이 격앙하여 엄격히 의義를 지키는 것이었다. 선善을 좋아하였으나 크게 쓰이지 못하여 자기 혼자만 선을 행하였고, 크게 일을 이루려 하였으나 자기만을 이루었을 뿐이니, 천명天命인가 시운時運인가?

김대유 신도비

이는 남명이 삼족당 사후에 지은 묘지墓誌의 일부이다. 남명
은 성품이 강직하고, 처세에 있어서도 현실과의 타협이 전혀 없
는 강단 있는 인물이었다. 그가 삼족당만은 진정한 선비로 허여
하고 있다. 더구나 세상을 뒤덮을 만한 재주를 지닌 큰선비인데
도 세상에 쓰이지 못하여 숨어 산다고 하였다. 재주 있는 자가 세
상에 쓰이지 못하는 안타까움은 삼족당에게도 예외가 아니었던

것이다. 그러면서도 원망하거나 근심하지 않고 자연에 몸을 맡겨 자족하며 산다고 하였다. 신계성은 이러한 삼족당의 삶을 일러 "기상이 넓고 커서 구애되지 않는 기품이 있다"라고 평하였다. 모두 삼족당의 뜻과 조금도 다르지 않다. 향년 74세였다.

2007년 가을 처음 삼족대를 찾았을 때는 삼족당 건물과 함께 신도비神道碑만 있었다. 그때는 삼족당 앞 절벽의 나무도 무성하지 않아 마루 위에 올라서면 동창천의 전경이 훤히 내다보였다. 그런데 올여름 다시 찾은 삼족대는 무성한 나무가 앞을 가려, 꽉 막힌 깊은 산골짜기에 들어앉은 느낌이었다. 민속문화재로 지정되어 함부로 나무를 절단할 수 없다고 한다.

그래서일까. 신도비 아래쪽에 갓 세운 정자가 한 채 있었다. 이름은 없었다. 방향은 다르지만 삼족대에서 볼 수 없는 동창천의 풍광을 여기서라도 보고 싶은 후손들의 마음이었을까. 그래도 안타까운 마음을 지울 수 없었다.

3. 종가를 제자리에, 증손 김치삼

중종반정으로 탁영의 관작이 회복되고 뒤이어 가산家產을 환급하라는 전교傳敎가 있었으나, 이미 풍비박산이 난 탁영가는 좀처럼 종가의 위풍을 찾지 못하였다. 게다가 탁영 당대까지는 청도에서 세거하였는데, 탁영의 양자 김대장과 아들 김장金鏘은 여전히 남원에 정착하고 있었다. 명분은 청도에 있고, 실질은 남원에 있었던 것이다. 이러한 '두 집 살림'의 난처함을 보다 못한 김장이 결국 위선봉사爲先奉祀를 위해 자신의 아들을 청도로 보냈다. 그가 바로 탁영의 증손 도연道淵 김치삼金致三(1560~1625)이다.

아직 장가도 들지 않은 열대여섯 살 아들을 보내기로 결정하기까지 김장은 수없이 고심했을 것이다. 형님 김갱金鏗이 후사가 없었기 때문에 그로서도 달리 대안은 없었다. 김치삼의 청도행淸道行은 꺼져가는 탁영가의 불씨를 되살리는 결단이었는데, 그 공치사功致辭는 실은 부친의 몫이었던 것이다.

현전하는 『도연집』은 그가 세상을 떠나고도 삼백여 년이 지난 1919년경에 판각되었다. 당시 문집 간행을 주관했던 탁영의 14세손 용희容禧(1862~1942)는 가장家狀에서 "가세가 형편없이 기울고 후손들이 초라해진 바람에 선생의 맑은 기품과 고절高節을 삼백 년이란 긴 세월 동안 드러내지 못하였다. 세상에 전할 만한 글이 많았을 것인데, 지금 보존된 것은 초고 2책이 있을 뿐이다. 그것마저도 제대로 간수하지 못하여 거의 조각나고 훼손되어 읽을 수 있는 것이 절반도 되지 않는다"라고 언급하였다. 명문가 후손의 담담하면서도 솔직한 고백이어서 더욱 안타깝다. 그때의 기록을 중심으로 김치삼의 삶을 간략히 소개해 본다.

김치삼의 자는 일지一之이며, 도연은 그의 호이다. 어머니는 전주류씨全州柳氏로, 사과司果를 지낸 류세봉柳世鳳의 딸이다. 전라북도 남원 월곡月谷에서 태어났다. 부인은 청도의 고성이씨固城李氏로, 이벽李璧의 딸이다. 예닐곱 살에 이미 글을 지을 줄 알았고, 열대여섯이 되기 전 경전에 통달했다고 한다. 남다른 재주와 학식을 지닌 아들에게 거는 부친의 기대가 자못 컸다. 선대의 가업을 제대로 잇지 못함을 늘 미안해하며 살았으니, 재주 많은 아들에게서 입신양명과 가문홍성을 기대했을 법도 하다. 노복 둘을 붙어 전답이 딸린 집을 따로 마련하고 또 독선생을 맞이해 학업에만 전념할 수 있도록 전폭적으로 지원하였다.

스무 살(1579) 때 어머니를 여의었다. 탈상이 끝나니 아버지가 몸져누웠다. 그러고는 5년 넘게 자리보전을 하다가 1587년 세상을 떠났다. 부친의 탈상까지 10년 가까운 세월이었다. 김치삼은 어려서 부모와 떨어져 지냈기 때문에 유독 효심이 깊었다. 때문에 부모가 세상을 떠난 이 시기를 전후하여 많은 방황이 있었던 것으로 보인다. 그가 마흔여덟(1607)에 자신의 삶을 돌아보고 지었다는 「술회부述懷賦」를 통해 당시의 심정을 직접 들어 보자.

피눈물로 삼년상을 치르고 나니	泣三霜之已經
부친의 병이 갈수록 심해 근심이었네.	悶爺恙之彌篤
한시도 몸에서 의대를 풀지 않았고	身不解乎衣帶
약 수발을 들며 자식 도리에 힘썼네.	職常勤乎醫藥
마음이 흐트러져 정신을 잃을 듯	心神瞀而如喪
학업은 그만두고 공부하지 않았네.	學業廢而不修
한 번도 과거에 합격한 적 없으니	曾不登名於一科
부친의 깊은 근심 위로할 길 없었네.	難慰春室之深愁
정해년(1587) 초여름이었지	歲丁亥之初夏
슬프다, 효도를 기다리지 않고 가셨네.	悵風樹之不待
구천에다 부르짖은들 미칠 수 있으랴.	叫九天兮何及

이 한 몸 돌아보나 의지할 곳 없었네.	顧一身兮無恃
더 이상 과거장에 나아가지 않았고	遂不赴於科試
또 세상일에도 뜻을 두지 않았었네.	且無意於世事
여기저기 떠도는 데 빠져 살았으나	泪東西之來往
놀면서도 마음은 늘 편치 않았다네.	恒未安於休暇

10년 세월 동안 그의 삶이 어떠했을지 눈에 훤히 그려진다. 누구보다 아들의 입신양명을 바라고 그로 인해 가문의 중흥을 바랐던 부친이었다. 그 염원을 알면서도 그 마음을 받들지 못하는 김치삼의 고뇌를 엿볼 수 있다. 이후 과거공부는 물론 학업에서도 손을 놓았지만, 마음에는 늘 부모의 그 염원이 상처로 남아 있었다.

김치삼은 이후 십여 년도 훨씬 지난 마흔일곱(1606)에 진사시에 합격하였다. 너무 늦은 나이의 합격인지라 동네 사람들의 비웃음을 샀다고 말하면서도, 이는 '선고先考의 소원이었으니, 구천에 계신 혼령이나마 위안이 되시기를 바랄 뿐'이라고 겸손해 하였다. 이듬해(1607) 사섬시司贍寺와 선원전璿源殿참봉을 역임하였다.

그러나 그 이듬해(1608) 광해군이 즉위하고 시국이 점점 혼란스러워지자 결국 벼슬을 버리고 귀향해 버렸다. 이때 도연명陶淵明의 「귀거래사歸去來辭」를 차운하여 「차귀거래사次歸去來辭」를 지

었다. "고향을 생각함이여, 내 장차 흔쾌히 돌아가리라. 돌아가
지 않고 다시 무엇하랴. 시국의 일이 참으로 슬프도다. 오늘 결단
하여 물러가지 않으면, 뒤늦게 후회한들 무슨 소용 있으랴. 내 마
음에 거취去就의 등불이 있는데, 그 누가 시비를 논하랴." 돌아와
서는 운문산 아래 도연 위에 정자를 짓고는, 그 속에서 66세로 일
생을 마쳤다.

　　사승師承으로는 김원길金元吉과 한강寒岡 정구鄭逑(1543~1620),
그리고 지산芝山 조호익曺好益(1545~1609)이 보인다. 『도연집』에는
세 스승에게 바친 제문이 각 1편씩 전하는데, 김원길 및 조호익

과의 인연은 나름 상세히 기록되어 있다. 김원길은 도연이 7세 때부터 여러 해 동안 수학했던 인물로, 정유재란 때 두 딸을 잃은 후에는 도연을 따라 청도에 와서 살았다. 도연은 1608년(49세) 봄에 벼슬을 버리고 귀향하여 지산의 문하에 들었다. 그의 문하에서 젊어 접었던 공부의 참맛을 그제야 즐기려는데, 1년 남짓 후 스승이 세상을 떠나고 말았다.

이들 두 사람에 비해 한강과의 사제연師弟緣은 자세하지 않다. 가장家狀이나 노상직盧相稷(1855~1931)이 쓴 『도연집』 발문跋文에는 도연이 한강에게서 수학하였다고만 전하였고, 행장을 쓴 류필영柳必永(1841~1924)은 그 시기가 부친의 탈상을 마친 후라고 하였다. 그러나 도연이 쓴 제문에서는 스승에 대한 여타의 언급이 없고, 다른 기록도 전하는 것이 없다.

『도연집』에는 백여 수의 시가 실려 있다. 대개 도연에 은거한 이후의 작품이다. 초기 작품에서는 고향인 남원을 떠나 청도에 살면서 느끼는 가족에 대한 그리움을 표현하였고, 이후에는 도연 주변의 자연경관을 읊거나, 청도의 명승 유람을 통해 자연과의 교감을 표출하고 있다. 성헌惺軒 백현룡白見龍(1543~1622), 낙재樂齋 서사원徐思遠(1550~1615), 검간黔澗 조정趙靖(1555~1636), 해월海月 황여일黃汝一(1556~1622), 오한聱漢 손기양孫起陽(1559~1617), 두암竇巖 이기옥李璣玉(1566~1604) 등과 교유하였다.

탁영과 관련한 김치삼의 행적으로는 두 가지를 언급하고 싶다. 노상직은 김치삼의 글에서 탁영의 운치韻致를 발견하였다. 그는 『도연집』 발문에서 "도연은 탁영 사후 63년이 지난 뒤에 태어났고, 또 사화의 여파로 제대로 된 명문가의 교육을 받지 못했다"고 언급한 후, 그럼에도 불구하고 "탁영이 대책對策으로 「중흥책中興策」을 지었다면 도연은 「병식책兵食策」을 지었고, 탁영이 사부詞賦에 뛰어났는데 도연 또한 「술회부」와 「차귀거래사」 등이 전한다. 그리고 「왜국 사신을 거절하기를 청하는 상소」(請拒倭使疏)는 사의辭意가 엄하고 방정하며 후인을 경계시키는 방책이 들어 있었다. 이는 탁영의 우뚝한 충절이 불씨가 되어 후손에게서 타오른 것이다"라고 평가하였다.

「병식책」은 '만약 조정을 바르게 하여 외적을 방어하고 민생을 안정시키며 나라 형세를 태산같이 굳건히 하려면, 무슨 방도가 있겠는가?'라는 임금의 문책問策에 대해, '백성의 생활을 넉넉하게 하고 나라의 군비를 튼튼하게 해야 함'을 말한 대책이다. 이 외에도 '어떻게 하면 참된 선비를 배출하고 진퇴進退를 도리에 맞게 하여 옛사람들이 행한 일에 부끄럽지 않게 할 수 있겠는가?'라는 임금의 문책에 대해 답변한 「유현책儒賢策」이 전한다.

김치삼은 사詞 1편과 8편의 부賦를 남겼다. 이는 크게 몇 가지로 분류가 가능하다. 「술회부」와 「차귀거래사」 외에도, 「통곡하며 금과 비단을 나눠 주는 부」(痛哭散金帛賦)는 송대宋代 재상 구

준寇準이 모친상을 당하여 통곡하며 자기의 재산을 가난한 사람들에게 모두 나누어 준 선행을 칭송한 작품이다. 『시경詩經』의 작품을 끌어다 군신君臣 간의 의리를 읊은 것도 있다. 예컨대 「장초부萇草賦」는 중국 회檜나라 백성들이 지배층의 학정에 못 견뎌 진펄에 난 하찮은 쐐기풀을 오히려 부러워했다는 『시경』「습유장초隰有萇草」의 고사故事에 빗대, 백성을 다스리는 임금의 직무가 엄중함을 경계하고 있다. 「감당부甘棠賦」 또한 『시경』「감당」의 팥배나무에 얽힌 고사를 노래하였다. 주周나라 소공召公이 선정을 베풀고 세상을 떠나자, 백성들이 그가 생전 순행할 때 쉬어 간 팥배나무를 보호하며 그의 성덕을 칭송했다는 이야기이다.

군신 간의 의리를 읊되 탁영을 연상시킬 만한 작품도 전한다. 초楚 원왕元王과 목생穆生의 고사를 읊은 「사례부辭醴賦」가 있고, 굴원이 세상을 떠난 후 기일忌日이 되면 그가 죽은 멱라수에 쌀을 넣은 대통을 던져서 제사 지낸다는 「반통부飯筒賦」가 있다. 무엇보다 탁영이 죽음에 임해서도 말을 바꾸지 않았음을 칭송한 「임사불역사부臨死不易辭賦」에서는 "어찌 죽음을 피하려고, 함부로 불쌍한 신하를 살려 달라 애걸하며, 구구하게 구차히 살려 했겠는가. 허망한 말솜씨로 꾸미는 것은, 내 마음의 정직함이 아니다. 하물며 하늘의 얼굴이 지척인데, 내 어찌 이런 태도를 차마 취하겠는가. 비록 몸이 부서져도 내 변하지 않으리니, 어찌 내 마음을 고치겠는가. 말씀은 늠름하고 격렬하니, 죽을 때까지 확고

하여 두말이 없었도다"라고 하였고, 이어서 "일신은 온전히 후세에 남기지 못했으나, 아름다운 이름은 천만년 전하리라"라는 말로써 선조先祖에 대한 존경과 자긍심을 표출하고 있다.

두 사람은 살았던 시대가 달랐고 행했던 처세 또한 달랐다. 그러나 김치삼은 증조부 탁영의 기개와 문학적 자질을 고스란히 물려받았던 듯하다. 아니면 이를 계승하려 무던히 노력했는지도 모르겠다.

2012년 탁영선생숭모사업회가 주관하여 번역 출간한 『도연선생문집』 말미에는 「탁영·삼족당 두 선생의 산소와 당우 수호를 건의한 글」이 실려 있다. 이 글은 1612년 당시 청도군수였던 조정趙靖이 청도 사람을 대표하는 김치삼이 올린 글에 의거해, 탁영과 삼족당의 산소와 당우를 수호하기 위한 방책을 경상감영에 건의한 일종의 공문이다. 주요 내용을 발췌하자면 크게 두 가지이다.

첫째, 삼족당의 서증손庶曾孫인 김진개金晉凱는 이미 군적軍籍에 올라 있어 어쩔 수 없지만, 그 아들 박璞은 나이가 어려 아직 군적에 오르지 않았으니, 이 아이의 군역을 면제하여 향사享祀에 전념하게 해 달라. 둘째, 현재 삼족당 묘소 아래에 살고 있는 문이門伊·올미兀美·최장수崔長守 등 세 사람은 모두 경상감영에 소속된 아병牙兵이니, 아병에서 면제시켜 묘소를 수호하게 해 달라. 그 아래 부분에는 "이 글은 조정의 『검간집黔澗集』에 실린 것을 발췌하여 실었고, 도연이 올린 글의 원본은 유실되어 전하지 않는다"라는 설명을 덧붙이고 있다. 이 글은 『검간집』 권3에 실려 있다.

그리고 이를 수락하는 경상감영의 완문完文을 이어서 수록하고 있다. 주요 내용은 "위 세 사람의 잡역을 면제해 주는 것만 아니라, 향후 약간 명을 뽑아 삼현三賢의 산소를 영원히 수호하게 하되, 그들의 잡역을 완전히 면제해 주고 또 이를 영구히 바꾸지 말도록 하라. 혹 중간에 결원이 생기면 관아에서 수시로 충당할 것을 변함없는 규정으로 정하노라"는 것이었다. 이 글은 현재 김치삼이 청도에서 행한 문중 활동을 살필 수 있는 대표적인 자료이다.

그런데 교유인 이기옥의 『두암집』에는 그가 도연을 대신하여 관찰사에게 올린 또 한 편의 글(「呈體察使文 代金致三作」)이 전한다. 먼저 내용의 일부를 발췌하여 소개한다.

절효공의 묘소가 밀양부密陽府 풍각현豊角縣 나복산蘿葍山 밑에 있고, 탁영공의 묘소는 청도군 북쪽 수야촌水也村 아래에 있습니다. 평상시는 감사와 수령이 묘소 아래에 사는 두세 집 사람들에게 부역을 면해 주고 그들로 하여금 묘소를 지키고 초동이나 나무꾼을 금하도록 하였습니다. 지나가는 사람들은 그 묘소에 예를 표하고, 그것이 절효공과 탁영공의 묘소임

을 모르는 이가 없었으며, 충효의 마음이 자연스레 일어났습
니다.

그런데 지금은 그렇지 않습니다. 전란을 겪은 이후로는 옛 제
도가 무너지고 민심이 예스럽지 않으니, 그것이 누구의 묘소
인지를 전혀 알지 못합니다. 몇 년 전에는 도공陶工 20여 호가
절효공의 묘소 아래로 이주하여 묘역의 나무를 베어 내는 데
꺼리는 바가 없었습니다. 그렇지만 힘으로도 얕은 형세로도
이를 막아내기가 어려웠습니다. 이것이 어찌 후손들만 탓할
일이겠습니까? 또한 국가가 풍속을 돈독히 하고 숭상하는 하
나의 큰 관건이 될 것입니다.

엎드려 바라옵건대 합하閤下께서 특별히 채납采納을 보태고
앞 시대에 행했던 전례典例에 비추어, 지금 폐지되려는 일들을
거행해 주십시오. 두 묘소 곁에 사는 두세 집 사람들에게는 묘
소를 보수하고 관리하는 것으로써 부역을 충당케 하시되, 수
리하고 소제하는 임무를 법으로 정해 주십시오. 또 밀양부에
글을 보내 그 도공의 집들을 다른 곳으로 옮기게 하여, 한 시대
사람들의 이목耳目을 깜짝 놀라게 한다면, 누가 충효를 행할
만한 것이 아니라 여기겠습니까?

바야흐로 지금은 사세가 어렵고 곤란한 때입니다. 그래서 합
하께서 만약 이 일을 오늘날의 급선무가 아니라 여기신다면,
이는 실로 그렇지 않습니다. 세월이 흐를수록 풍속은 말세가

되고 상하 사람들은 마음이 멀어질 것입니다. 반드시 충효로써 인심을 권면시켜 백성들로 하여금 윗사람을 친히 여기고 의義를 즐겨해야 함을 알게 한다면, 이것이 어찌 합하께서 조석으로 받들어서 행하되 반드시 기필해야 할 바가 아니겠습니까.

이기옥은 청도 출신으로, 동강東岡 김우옹金宇顒(1540~1603) · 정구鄭逑를 사사하였고, 후에 장현광張顯光(1554~1637) · 김부륜金富倫(1531~1598) · 박성朴醒(1549~1606) 등과 교유하였다. 『오산지鰲山志』의 저자 이중경李重慶(1599~1678)이 그의 아들이다. 그가 1604년에 세상을 떠났으니, 이 글은 그 이전에 올린 것이다.

풍각현은 삼국시대 때 창녕군에 속했다가 고려 때 밀양부로 편입되었고, 17세기 후반에 대구로 넘어갔다가 일제강점기 때 청도군에 속하여 현재에 이르고 있다. 각각 다른 권역에 있는 두 묘소의 관리도 어렵거니와, 시대가 흐르면서 관리 부실과 인식 부족 등에서 초래되는 문제들을 개선하려 지적하고 있다.

그렇다면 이 글은 검간이 올린 앞글의 연속선상에서 그 내용을 살펴볼 필요가 있을 듯하다. 김치삼은 1600년대 초반부터 청도 내에서 절효 · 탁영 · 삼족당의 묘소와 사우의 보호 관리를 위한 활동을 해 왔었고, 그것이 어떤 이유에서서건 여의치 않아 1612년에 이르러서야 성사되었음을 알 수 있다. 또한 이로써 당시 탁영가의 위상이 아직은 제자리를 잡지 못하고 많이 위축되어 있었

음도 확인할 수 있다. 그러나 검간의 글과 감영의 완문을 통해 탁
영과 삼족당에 대한, 나아가 탁영가에 대한 지역 내에서의 인지
도는 여전히 존숭되고 있었음을 알 수 있다.

4. 일생 목천을 흠모한, 12대손 김창윤

　　김치삼 이후 탁영가의 연혁을 관통하는 기록은 보이지 않는
다. 그로부터 대략 삼백 년이 지난 1800년대에 들어와 12대손 창
윤昌潤(1809~1887)에 의해 탁영가는 새로운 도약을 시작하였다. 문
중을 재정비하여 완전히 탈바꿈하게 만든 것이다.

　　김창윤의 자는 덕보德甫, 호는 모천慕川이다. 그는 탁영가 직
계종손 중 대장大壯에 이은 두 번째 양자養子였다. 그의 조부는 재
명再鳴이고, 부친은 존정存正인데 후사가 없었다. 그래서 사촌 간
인 석규碩圭의 아들 창윤을 후계로 입적시켜 종가를 잇도록 하였
다. 탁영가에 전하는 고문서에는 '창발昌發'이란 이름이 자주 등
장하는데, 이가 바로 김창윤이다. 두 이름을 통용했던 듯하다.

19세기 조선사회에서 지방의 인사가 중앙에 출사한다는 것은 사실상 불가능에 가까웠다. 모천의 출사 또한 크게 다르지 않았다. 그는 40세와 66세 때 두 번 진사시에 합격했으나, 복시覆試는 74세에 합격하였다. 이어 통정대부 절충장군 행용양위 부호군通政大夫折衝將軍行龍驤衛副護軍을 역임하였다. 약 20년 동안 청도 향교의 전교典校로 재임하면서 지방교육의 발달에 공헌한 점도 빼놓을 수 없다. 그러나 그 어떤 것도 종중의 제반사를 정비하여 반석에 올린 공로와는 비교할 수가 없다. 모천은 종중을 위해 살았다고 해도 과언이 아니었다.

한 인물의 연보는 사후 그의 후손이나 후학이 생전의 행적을 기록하여 남기는 것이 관례이다. 그런데 모천은 특이하게도 7세(1815) 때부터 세상을 떠나기 한 해 전인 1886년까지, 손수 작성한 76년간의 기록인 연보를 남겼다. 생전에 자서自序를 남기기도 하였다. 『모천연보慕川年譜』는 필사본 형태로 문중에 전해지다가 1997년 가을, 그러니까 탁영의 17대손이자 모천의 5세손 김헌수金憲洙(1928~1999)에 의해 번역·인쇄되었다. 그는 종손 김상인의 부친이다.

이 연보에는 탁영가는 물론 19세기 청도의 사회 현황, 나아가 임오군란·진주민란·서원철폐령 등 조선에서 일어났던 중대한 사건 전개에 따른 현황들이 제법 소상히 기록되어 있다. 이 시기 연구에 있어 활용 가치가 매우 높은 중요한 자료라 할 수

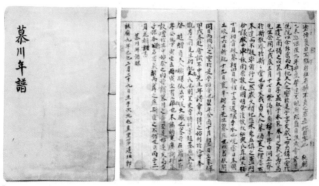

『모천연보』 (디지털청도문화대전, 청도군, 2013)

있다.

이 연보에 의거해 살펴보면, 김창윤이 이룩한 종중 일은 일일이 거론할 수 없을 만큼 많다. 연대순으로 중대사를 중심으로 발췌하면 아래와 같다.

- 27세(1835, 헌종 1): 탁영의 시호 '문민文愍'을 하사받음

- 34세(1842, 헌종 8): 백곡에 백동사白洞祠를 창건함

- 36세(1844, 헌종 10): 부조묘不祧廟를 중건함

- 47세(1855, 철종 6): 종택 정침正寢에 모천재慕川齋를 건립함

- 51세(1859, 철종 10): 『자계서원안紫溪書院案』을 수정修正함

- 53세(1861, 철종 12): 삼족대를 중수함

- 55세(1863, 철종 14): 자계서원 보인당輔仁堂을 중수함

- 57세(1865, 고종 2): 대동보大同譜를 편찬함
- 60세(1868, 고종 5): 절효공 이하 각 조상의 묘소에 석물을 세
  우고 정비함
- 63세(1871, 고종 8): 자계서원 훼철, 서원의 전답 회수를 막아냄
- 64세(1872, 고종 9): 자계서원 청금록 재작성. 목천 예안김씨를
  탁영의 묘에 이장함
- 66세(1874, 고종 11): 탁영의 연보를 발굴하여 배포함

　읽어 내리는 것만으로도 그의 삶이 얼마나 부지런했을지 짐
작된다. 실제 연보에는 아주 상세하게 기록되어 있다. 예컨대 대
동보 편찬이나, 모천재 준공, 자계서원 훼철 과정, 탁영의 연보
발간, 목천의 예안김씨 묘소 이장 등은 모천의 일생을 대표할 만
한 치적이다.

　백동사는 청도 백곡에 있던 김해김씨의 사당이다. 군수 김
건을 비롯하여 김맹金盟, 김준손金駿孫, 김기손金驥孫, 김대장金大
壯, 김갱金鏗, 김장金鏘, 김치삼金致三, 그리고 김치삼의 아들 김선
경金善慶(1586~1638) 등 9위位를 배향하였다. 구현사九賢祠 또는 세
덕사世德祠라고도 불렀다. 1871년 훼철되었다가, 1920년에 참봉
김용희金容禧(1862~1942)가 중창하였다. 지금의 백동서당이다.

　모천의 자서自序는 78세(1886, 고종 23) 때 썼다. 자기 삶의 핵심
을 직접 정리한 것이리라. 「모천자서慕川自序」라 명명한 이 글에서

모천은 위의 여러 업적 중에서도 특히 두 가지를 강조하고 있다. 바로 목천의 예안김씨 묘소 이장과 탁영 연보의 발간이다. 『모천 연보』에서도 이 일에 대해서는 그 과정을 매우 상세히 기록하고 있다.

탁영의 묘는 중종반정 직후 김대유의 주관으로 목천의 재취 부인 곁으로 옮겨졌다가 이내 1508년에 고향으로 돌아왔다. 그러나 당시 목천의 예안김씨 묘는 남편을 따라 함께 청도로 돌아오지 못하였다. 12대손 김창윤은 사손嗣孫으로서 이것이 늘 마음에 한으로 남아 있었다. 청도의 탁영 묘소도 목천의 김씨부인 묘소도 수백 년 동안 각각 혼자였던 것이다.

모천은 자서自序에서 "무진년(1508) 8월 병자일(5일)에 본 군 북쪽 수야산 술좌戌坐의 언덕에 반장返葬할 때 정부인貞夫人의 봉영封塋을 같이 이장하지 못한 연유가 무엇인지 알지 못하겠다. 아! 슬프다. 부인의 영령이 외롭게 한 줌 흙무덤에 오르고 내린 지 어언 400여 년이라. 불초不肖가 부끄럽게도 사손이 되어, 늘 비와 이슬이 내리는 봄이나 서리와 눈이 흩날리는 겨울이면 그 원통함을 이기지 못하였다"라고 하여, 후손으로서의 안타까움을 드러내고 있다.

그러나 수백 년 영겁의 세월과 먼 거리에서 소요되는 경비, 여타 목천 친척 문중과의 관계 등 쉬이 해결할 수 있는 것이 아니었다. 그래서 우선 1855년 종택의 정침 남쪽에 집 한 채를 세워

모천 현판 (디지털청도문화대전, 청도군, 2013)

'모천慕川'이라 편액하고 제향하였다. 대개 '목천木川을 영원히 흠모한다'는 뜻을 담고 있었다. 김창윤의 호 '모천'은 바로 여기서 연유하였다.

마음과 달리 세상사에 시달리다 보니 먼 거리의 묘소를 참배하는 것이 어려웠고, 또 세월이 오래되다 보니 묘소가 퇴락하여 더 이상 이장을 미룰 수 없게 되었다. 드디어 문중의 논의를 거쳐 1872년 가을에 이장 작업을 시작하였다. 남원과 산청, 자계紫溪의 일가들이 목천현에 가서 10월 초2일 파묘破墓를 하고, 초4일에 발인하여, 13일 수야현으로 반구하였다. 당일 미시(오후 1시~3시)에 무덤의 흙구덩이를 만들었고, 16일 주변의 나무를 베어냈으며, 19일에는 탁영의 묘 좌측에 안장하였다. 그리고 그 이듬해 묘비를 세웠다. 일을 모두 마친 모천은 그제야 "일생동안 목천에 대한 사모의 뜻을 이제야 이루었다"라고 자서에서 밝히고 있다.

이 일이 있고 난 이듬해 1874년, 모천은 66세의 나이로 회시會試에 응시하였다. 그러나 원자인 순종 탄생을 축하하는 증광별시增廣別試에는 합격했으나 회시에서는 낙방하였다. 상심하여 한동안 한양에 머물면서 벗과 친척들을 종유하며 시일을 소요하였다.

그러던 어느 날 함께 어울리던 일가가 '춘천에 사는 일가 집에 탁영의 문적文籍이 많이 있다'고 일러 주었다. 그 길로 함께 춘천으로 가서 그 집주인을 만났다. 뜻밖에도 탁영의 연보를 간직하고 있다는 것이었다. 깜짝 놀라서 "강원도와 영남이 멀기는 하지만, 어떻게 이런 책을 가지고 있으면서 알리지 않았느냐?"라고 물으니, "우리 집에 있는 문적이 종가에 없을 리가 있겠습니까?"라고 답하는 것이었다.

살펴보니, 삼족당 김대유가 세상을 떠나기 전 1548년에 지어서 동생 대장大壯에게 맡긴 바로 그 연보였다. 한양에 머물면서 연보의 발굴을 알리니, 많은 사람이 책을 보고 싶어했다. 후손으로서 선조의 사적을 알리지 않는 것은 죄를 짓는 것이라 여겨, 곧바로 70질을 인쇄하였다. 그중 40질은 한양에서, 나머지 30질은 영남으로 가져가 배포했다. 그해 겨울 11월에 다시 수백 질을 인쇄하였다.

삼백 년 동안 존재조차 몰랐던 탁영의 연보를 찾아 배포한 것은 기적 같은 일이었다. 하지만 이 연보가 발견되면서 이제까지 탁영가에서 행해지던 탁영 관련 사항들을 재고再考하거나 고증考證해야만 했다. 예컨대 모천의 언급에 준해 몇 가지만 정리해 본다.

① 탁영의 초취부인 단양우씨의 묘소를 그제야 확인하였다. 연보에 의하면, "단양우씨의 묘소는 나복산蘿葍山 절효공節孝公의 묘소 아래 인좌寅坐에 있다"고 되어 있다. 가서 확인하니 두 봉분이 있었고, 어느 것인지 확정할 수가 없었다. 그래서 예가禮家의 조언에 따라 제단祭壇을 세우고 제사하였다.

② 탁영과 재취부인 예안김씨의 기일忌日을 이제껏 7월 17일로 제사 지냈는데, 이 연보에 의해 7월 27일임을 알게 되어 바로잡았다. 탁영은 27일에 극형을 당했고, 재취부인은 탈상을 마친 1500년 7월 27일에 자결하였다.

③ 무오사화 당시 남원으로 유배되었다가 세거하게 된 일가를 찾았고, 김대장金大壯 등 여러 선영先塋에 성묘하였다. 김치삼이 청도로 돌아온 후 삼백여 년 만의 일이었다.

그야말로 '기적'이라는 말이 떠오를 뿐이다. 연보의 발견으

로 엉켰던 실타래가 풀려나가는 느낌이다. 모천은 탁영의 연보
가 발견된 후 대동보를 간행하기 위해 거창·안의·하동·운
봉·남원 등지에 보소譜所를 만들고, 족보 일로 자주 회합을 가졌
다. 도중에 그곳에 모인 족인族人들이 선조가 귀양 살던 곳이 가
까이에 있음을 알아, 전국에서 모인 일가가 함께 남원을 방문해
성묘하기도 하였다. 각지에 흩어졌던 족인들이 이때에 이르러
비로소 함께함으로써 문중간의 공동체 모임 등이 갖추어지기 시
작했던 것이다. 그 중심에 12대손 김창윤이 있었다.

제4장 종가의 문화경관

1. 자계서원과 영귀루

　　지난 5월 말, 종손과의 인터뷰를 위해 백곡의 탁영종가를 찾았다. 종가를 들르기 전 먼저 서원리에 있는 자계서원을 방문했다. 세 번째 방문이었다. 2006년 겨울, 대학원 세미나를 겸해 청도 일대를 답사하다가 자계서원을 찾았었다. 보인당輔仁堂에서 바라본 훤칠한 높이의 영귀루詠歸樓와 탁영이 공부했다는 운계정사雲溪精舍의 소박하고 단아함이 부조화 속의 조화를 이루고 있었다.

　　그 이듬해 삼족당 김대유에 대한 글을 쓰면서 다시 한 번 찾았다. 역시 겨울이었다. 탁영이 손수 심었다고 전해지는 두 그루 은행의 무성한 잎도 다 떨어진 횅한 풍경이었다. 첫 방문 이후 이

자계서원 전경

운계정사

雲溪精舍

상하리만치 운계정사의 편액이 눈에 아른거리곤 했었다. 역사적 명성이나 역동적이고 곡절 많았던 그의 삶에 비해 너무나도 '간약簡約' 한 그 자태 때문이었으리라. 다시 찾았을 때도 같은 느낌이었다. 순간 생각했다. 탁영의 삶 또한 이처럼 '간약' 했으리라고.

자계서원은 백곡으로 옮겨가기 전 탁영이 살던 옛 집터에 세웠다. 탁영은 25세(1488) 때 이곳에 운계정사를 지어 강학소講學所로 삼았다. 운계정사는 자계서원의 동재東齋이다. 그 앞으로 조그만 누각을 지었는데, 바로 현재의 영귀루이다. 자계서원은 그렇게 본래의 제자리를 지키고 있다. 전체 12동 건물 중 영귀루와 동ㆍ서재만 경상북도 유형문화재 제83호(1975년 12월 30일)로 지정되었다.

1518년(중종 13), 김대유가 지역 유림과 논의하여 운계정사 터에 사당을 세우고 그 이름을 '자계사紫溪祠'라 하였다. 탁영이 세상을 떠나던 날 운계의 물이 3일 동안 붉은 빛으로 흘렀다는 일화에서 이름을 '자계'로 바꾼 것이었다. 그러나 김대유가 세상을 떠난 후 이 사당도 쇠퇴했다.

1574년(선조 7), 경상도관찰사 월정月汀 윤근수尹根壽(1537~16 16)가 순행 차 청도에 왔다가 제문을 지어 탁영의 묘소에 제사하였다. 이때 고을 유림들이 옛터에 사당을 세워 제사 받들기를 청하였다. 일꾼을 모집하고 크게 토목공사를 시작하여 3년(1577) 만에 마쳤다. 이때 사당 외에도 그 아래에 보인당을 세우고 영귀루와 함께 '자계서원紫溪書院'으로 승격시켜 신위를 봉안하였다. 운계서원雲溪書院이라고도 불렀다. 당시 청도군수 황응규黃應奎 (1518~1598)가 기문을 지었다. 그 이듬해(1578) 처음으로 봉향축문奉享祝文을 올렸다.

얼마 후 임진왜란이 일어나 자계서원이 소실되었다. 청도 유림이 협의하여 1608년부터 중건을 시작하였다. 그러나 사정이 여의치 않아 몇 년의 시일이 걸렸고, 청도군수로 부임한 검간黔澗 조정趙靖의 협조로 1612년에야 완성하였다. 1615년(광해군 7)에는 조부 김극일, 삼족당 김대유를 포함한 삼현을 함께 제향하였다. 정구鄭逑가 축문을 지었다. 정구는 "안타깝게도 함께 모시지 못하여, 마음에 여한이 있었습니다. 인정人情이 오히려 그러한데, 어찌 신령인들 편안히 흠향하시겠습니까. 진실로 의전儀典을 빠뜨렸던 것은 후학들의 수치입니다. 병화兵火로 소실된 것을, 다행히 이제야 중수하게 되었습니다"라는 글로써 당시 후학의 마음을 대변하였다.

1660년(현종 1), 지역의 유생들은 유학幼學 이광정李光鼎(1636~1694)을 소두疏頭로 하여 사액賜額을 소청하였다. 이듬해(1661) 서원을 사액하고 치제문致祭文과 함께 삼현을 증직하는 교지를 하사받았다. 탁영은 승정원도승지承政院都承旨로, 김극일은 사헌부집의司憲府集儀로, 그리고 김대유는 홍문관응교弘文館應敎로 증직되었다.

그후 청도군수 김이건金履健(1697~1771)이 영귀루를 중수하였다. 오랜 세월 탓에 벌써부터 위태롭게 버티고 있었지만, 차일피일 미뤄 오던 것을 이때에 이르러 관민官民이 주축이 되어 공사를 완료하였다. 김이건의 「자계서원영귀루중창문紫溪書院詠歸樓重刱文」이 전한다. 그의 말로는 도중에 "사방의 산에서 재목을 벌채하느라 백성들의 고통도 많았고, 30리 거리에서 재목을 운반하느라 승려들의 원망도 많았다"고 하였다. 1863년(철종 14)에는 탁영의 12대손 김창윤의 주도하에 보인당을 중수하였고, 이를 기념하여 서원에서 백일장을 성대히 치르기도 하였다.

1871년(고종 8) 서원철폐령에 의해 자계서원도 훼철되었다. 이때 자계서원을 지키려는 김창윤의 노력이 눈물겹다. 그의 나이 63세였다. 『모천연보慕川年譜』에는 당시 철폐령에 맞선 전국 유생들의 한양 집회, 대원군의 강경 대응, 이에 참여하는 탁영가 사람들의 일련의 상황들이 상세히 기록되어 있다.

그러나 그 모든 노력에도 불구하고 결국 철회를 성사시키지 못하고, 마침내 같은 해 8월 3일 사당인 존덕사尊德祠가 훼철되었다. 삼현의 위판位版은 보인당으로 옮겨졌다. 김창윤과 관련한 당시의 일화를 몇 가지 소개한다.

① 훼철 당일, 일가들이 다 모였다. 원통한 나머지 분풀이라도 하듯 기와나 목재 등을 함부로 다루고 부수기에 모천이 만

류하였다. "이 일은 하늘이 시킨 것도 아니고, 대원군의 소
행도 아니며, 우리만 당하는 일도 아니고, 온 나라의 환란입
니다. 만약 일시의 분풀이로 기와나 철물을 다 부수어 버린
다면 어디로 흩어질지 모르니, 나중에 후회한들 무슨 소용
이 있겠습니까." 그제야 일가들도 모두 조심해서 다루고 훼
손하지 않았다.

② 그해 9월 어느 날 밤, 친분이 있는 관아의 아전이 찾아와 서
원에 딸린 전답과 수확량을 조사하라는 공문이 내려왔다고
전하였다. 필시 훼철에 이어 그 전답을 탈취하기 위한 것이
라 생각했다. 그 길로 서원에 들어가 '논 11두락, 밭 30두
락' 만 남도록 고치고, 또 3~4년간의 수확에 대한 문서를
다시 만들었다. 그 나머지 문건은 모두 감추어 두었다. 다
음날 관아에서 나와 수색을 하고는 관련자를 소환하였다.
모천이 달려가서 곡진하게 설명을 했으나 소용이 없었다.
결국 보인당 문루는 물론 동 · 서재, 전사청典祀廳까지 한
채도 남김없이 모조리 훼철한다며 장정들을 보내왔다. 모
천은 그 부당성을 누누이 언급하면서도 한편으론 어르고
달래서, 겨우 전사청 기와만 걷어 내는 것으로 일단락을 지
었다.

③ 그로부터 며칠이 지난 어느 날, 나라에서 서원의 전답과 곡
식을 매매해서 가져간다고 하였다. 두 손 놓고 있다가 빼앗

기는 것은 너무도 억울했다. 이번에도 관아로 달려가 단판을 지었다. '서원 전답의 일부를 향교 재산으로 전입하면 나라의 수익이 늘어나는 것이니, 서로 이익이 되지 않겠는가'라는 논리로 거우 합의를 보았다. 그러나 향교 재산으로 돌렸다 하더라도 이를 살피지 않으면 어느 탐욕스러운 관원의 술값으로 들어갈 게 뻔하였다. 이에 청도향교의 전교와 상의하여, 자계서원 전답의 수익은 원생의 강학 경비로만 충당키로 합의하였다.

김창윤의 이러한 노력으로 거우 형태만 유지한 채 50여 년을 버틴 자계서원은, 1924년 탁영의 14세손 김용희에 의해 중건되었다. 그의 「자계서원중건기」에 의하면, 당시 정당正堂 10칸, 동·서재 6칸, 문루 6칸을 지었고, 사당을 중건했다고 한다. 현재의 모습은 이때 갖추어진 것이다. 1947년 지손들의 협조를 얻어 대대적인 보수가 이루어졌다.

건축물로는 강당인 보인당, 유생의 기숙 공간인 동·서재, 그리고 영귀루가 핵심을 이룬다. 건물의 중심에 있는 보인당은 정면 5칸, 측면 2칸의 고상형高床形 집이며, 겹처마 팔작지붕에 활주가 있다. 연등천장에 우물마루를 깔았고, 공포는 익공 양식이다. 보인당의 정면 주축 선에는 영귀루와 유직문惟直門이라는 삼문三門이 있고, 보인당 동쪽에는 존덕사와 전사청, 그리고 신도문

神道門이 따로 나 있다. 운계정사는 건축기법이 독특하여, 청도에서도 유래를 찾을 수 없는 유일한 것이라 한다.

영귀루는 정면 3칸, 측면 2칸으로 자연석의 초석 위에 원주圓柱를 세운 2층 누각이었다. 그런데 2014년 4월 24일 새벽, 영귀루가 무너져 내렸다. 경상북도 문화재전문위원의 조사에 의하면, "영귀루 상부 대들보나 기둥이 벌레 피해를 입어 안에서 삭으면서 2층 구조의 누각이 주저앉았거나, 건물 뒤틀림 현상 등에 의한 것으로 추정된다"라고 하였다. 따라서 현재 자계서원에서는 영귀루 주변에 임시 가림막을 설치하여 보호하고 있다. 청도군은 경상북도에 문화재 긴급보수를 요청하였고, 2015년에는 복원이 가능할 것이라 예상하고 있다. 본래의 목재는 서원 내 창고에서 중건을 기다리고 있다.

그 밖에 서원 내 유물로는, 영귀루 동쪽으로 탁영이 심었다는 은행 두 그루가 자리하고 있다. 사실 탁영이 손수 심은 것으로 전해지나, 정확한 기록은 보이지 않는다. 『모천연보』에도 은행나무에 대한 기록은 없다. 1983년 청도군 보호수로 지정되어 현재까지 관리되고 있는데, 수령 5백 년이 넘었다고 전한다. 1997년 가을 자계서원 내 은행나무의 일부가 고사枯死하여 대구식물병원에서 나무의 외부 시술과 치료를 진행한 적이 있었다. 당시 나무의 수령 조사도 함께 이루어졌는지 모르겠다.

은행나무 곁에는 탁영선생신도비濯纓先生神道碑(1967)와 절효선생비각節孝先生碑閣(1976)이 있다. 영귀루 서쪽으로는 1967년에 세운 자계서원정비紫溪書院庭碑가 있다. 근년의 것으로는 두 그루의 은행 앞에 탁영김일손선생문학비濯纓金馹孫先生文學碑가 세워져 있다. 1998년 탁영 순절 500주년을 기념하여 전국의 역사 및 문학을 전공한 교수들이 뜻을 모아 십시일반으로 이 비를 세웠다. 이런 사례는 전례가 없는 일이 아닐까 생각한다.

자계서원에서 동쪽으로 조금 벗어난 곳에 탁영대濯纓臺와 천운담天雲潭이 있다. 탁영이 운계정사와 영귀루를 만들 때 함께 조성하였다. 근년까지만 해도 '탁영대' 석각이 남아 있었으나, 현재는 도로 공사로 인해 파손되어 없어졌다. 그 자리에 누각을 세우고 연못을 파서 물을 채우고, 그 못가에 탄신 500주년을 기념하여 유적비를 세웠다.

현재 서원의 관리와 운영은 자계서원보존회에서 맡고 있다. 보존회는 1983년 삼현의 후손과 50여 명의 이사로 결성하였고, 현재까지 삼현의 춘추春秋 향사와 서원의 각종 행사 등을 지원하고 있다.

2. 종택과 부조묘

　부조묘不祧廟는 불천위不遷位 제사의 대상이 되는 신주를 모신 사당이다. 예부터 종가에서는 4대봉사奉祀를 지냈다. 불천위는 4대가 지나도 사당에서 신주를 내보내지 않고 대대로 제사를 모시는 대상을 일컫는다. 이는 국난을 극복하는 등 나라에 큰 공훈이 있거나, 학문과 덕망으로 문묘文廟에 배향되었거나, 또는 특별한 공로가 있는 인물에 대해 나라에서 특별히 결정하는 것이다. 부조묘는 주로 종가 내 사당을 말하며, 조선 중·후기에 이르면 서원이나 사우祠宇의 기능을 겸하기도 하였다.

　현재의 탁영종택은 수많은 곡절과 여러 차례 개축을 거치면서 전통적 고가古家로서의 옛 모습을 많이 잃었다. 현전하는 건축

종택 내 전경

물로는 탁영의 불천위를 모신 부조묘를 비롯해 사랑채, 안채, 영
모각永慕閣 등이 있다.

부조묘에 대한 기록은 상세하지 않다. 탁영의 신위는 1518
년 김대유 등 지역 유림이 건립한 자계사에 모셔져 있었다. 1578
년 이를 자계서원으로 승격시키면서, 처음으로 백곡에 부조묘를
건립하여 제사 지냈다. 따라서 탁영의 부조묘 시초는 지역 유림
에 의한 유림불천위儒林不遷位였다.

이후 임진왜란을 거치면서 종택이 모두 소실되었다. 이는
자계서원도 마찬가지였다. 자계서원은 1612년에 중건되었고,

1615년에 삼현을 병향_{幷享}하였다. 1661년 자계서원이 사액되고, 탁영도 국불천위_{國不遷位}로 사승_{賜陞}되었다. 기록에 의하면, 부조묘는 수백 년이 흐른 1844년 12대손 김창윤에 의해 중건되었다.

근세에 들어 종손 김상인의 조부(탁영의 16대손) 종석_{鍾碩}(1890~1937)이 일제 때 소실된 부조묘 신축을 시작하였으나, 도중에 세상을 떠나는 바람에 완성을 보지 못하였다. 이후 17대손 헌수_{憲洙}(1928~1999)의 주도하에 1935년 다시 공사를 재개하여 1940년에 완공하였다. 현재 백곡의 종택과 부조묘는 이때 완공된 모습을 그대로 유지하고 있다. 부조묘는 겹처마의 맞배지붕이며, 정면 3칸, 측면 1.5칸의 1동짜리 목조건물이다.

안채의 남서쪽에는 사랑채가 있다. 당호는 유의당_{維義堂}이다. '유의'는 1615년 자계서원에 삼현을 봉안할 때 정구가 쓴 축문에서 연유한다.

군자의 도리는	君子之道
반드시 근본을 우선하나니	必先本根
백 가지 행실, 만 가지 선행은	百行萬善
모두 한 근원에서 나옵니다.	皆自一原
오직 효와 충과	維孝維忠
절도와 의로써	維節維義
강상을 붙들고 기강을 세워	扶綱植紀

유의당

온 천하를 경륜하였습니다.	經天緯地
......	......
대를 이은 후손 중에	嗣有子姓
탁영선생은 하늘이 낸 준걸이라.	天挺俊逸
기개는 특출하고 빼어나며	氣岸卓犖
늠름함은 서릿발 같았습니다.	凜若霜日
문장은 태산북두처럼 우뚝하고	文章山斗
절개는 동도에서 떨치었습니다.	節拍東都
부월 따위는 안중에도 없었고	斧鉞不視

오직 의리만을 좇았으니	維義之趨
그 정기가 위풍당당하여	正氣堂堂
명교를 부지할 수 있었지요.	名教是扶

정구는 축문에서 삼현의 삶과 이들 문중을 일컫는 키워드로 '유효維孝·유충維忠·유절維節·유의維義'를 제시하였다. 지역 유림이 '절효節孝'라 사시私諡하여 추숭했던 김극일, 죽음을 불사하고 의를 지켰던 탁영 김일손, 그리고 기묘명현의 한 사람으로 남명 조식 등의 추앙을 받았던 김대유. 세 사람의 삶을 통칭通稱하는 핵심어를 뽑자면, 이만한 것이 없을 듯하다. 정구는 이 가운데에서도 탁영의 삶과 정신을 '유의維義'로 적시摘示하였고, 후인들이 그 뜻을 추념하여 당호를 '유의'라 하였던 것이다. 유의당은 정면 2칸, 측면 1칸의 홑처마 팔작지붕으로 되어 있다.

유의당의 남쪽 곁에 영모각이 있다. 이곳은 일종의 종가 유물 전시관이다. 근년까지만 해도 탁영과 삼족당과 도연의 문집 목판 5종과, 탁영이 직접 만든 거문고인 탁영금濯纓琴, 성종이 하사했다는 벼루 등 문중의 각종 문헌과 유품을 보관하고 있었다. 종손 김상인은 토목을 전공한 교육자로서 현재 포항의 대학 교수로 재직하고 있다. 종손 부부가 종택에 상주하지 않기 때문에 유품의 도난 위험과 보존 문제를 감안하여, 현재 문집 목판은 한국국학진흥원에, 탁영금은 국립대구박물관에, 벼루는 청도박물관

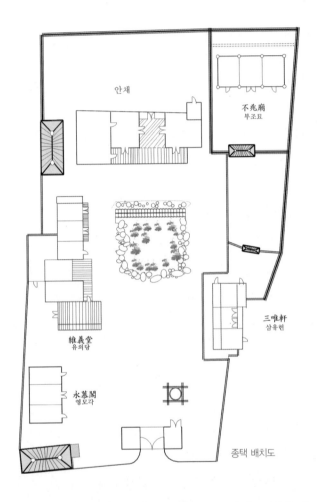

안채

不兆廟
부조묘

維義堂
유의당

永慕閣
영모각

三唯軒
삼유헌

종택 배치도

에 기탁해서 관리하고 있다. 영모각은 정면 3칸, 측면 1칸에 팔작
지붕의 겹처마 형식을 취하고 있다.

　종택의 건물 배치는 여느 종가와 다르다. 마당 중앙에 있는

화단의 담장을 중심으로 살펴보자면, 북쪽으로 안채가 있고, 사랑채는 ㄱ자형으로 서북쪽에 위치한다. 담장과 사랑채 사이에는 조그마한 옆문이 있었는데, 지금은 없어졌다고 한다. 안채에서 약간 비껴 동북쪽 뒤편에 부조묘가 있다.

유의당 맞은편에는 삼유헌三唯軒이 있다. 삼유헌이 없을 때는 사랑채 앞마당에서 부조묘로 곧장 들어갈 수 있을 만큼 넓은 공간이 있었다. 그러나 명절 등 종택의 행사 때 지손과 손님의 휴식 공간을 마련하기 위해 1994년 삼유헌을 준공하였고, 이로 인해 부조묘 입구가 좁아졌다고 한다. 종택은 전체 면적이 1,418평방미터(429평)이고, ㅁ자형 구조로 위치하고 있다.

종손 김상인은 2005년 탁영의 초취부인 단양우씨의 기일에 맞춰 탁영종택을 문화재 민속자료로 신청하였다. 그러나 종택 건물이 오래되지 않아 경상북도 문화재 신청에 통과하지 못하였다. 3년이 지난 2008년 2월에 현재의 종택 전체 건물을 기념물로 신청하여 경상북도 지정문화재 기념물 제161호로 지정받았다.

종택과 부조묘 수호를 위한 종중 모임으로는 1988년 3월 5일에 결성한 영모회永慕會가 있다. 영모회는 전국의 후손들 중 탁영을 봉사하고, 부조묘와 종택을 수호 및 관리하며, 유품 및 유적지의 보존 관리, 탁영의 학문과 정신을 계승 발전시키는 것을 목적으로 한다. 지역별로 안배하여 33인으로 구성되었으며, 회원의 유고 시 후손이 승계하도록 되어 있다.

3. 묘소와 영모재

탁영의 묘소는 청도군 이서면 수야리에 위치한다. 백곡의
종택에서 나와 화양 들을 가로지르고, 이서면사무소를 지나고도
한참을 더 북서쪽으로 가야 한다. 자동차로 시골길을 달리면 20
분 정도 소요되는 거리이다.

탁영의 묘역에는 탁영과 재취부인 예안김씨가 함께 모셔져
있다. 초취부인 단양우씨는 조부 김극일의 묘소 가에 있다. 이유
는 알 수 없지만, 특이하게도 김씨부인의 봉분이 왼쪽에, 그리고
탁영의 묘가 오른쪽에 위치하고 있다. 『모천연보』에도 예안김씨
를 수야산으로 반장返葬할 때 "탁영의 묘 좌측에 모신다"고만 기
록되어 있다. 각각의 봉분 앞에는 묘비가 있으며, 'ㅇ탁영선생지

묘소 전경

묘○濯纓先生之墓'와 '증정부인예안김씨지묘贈貞夫人禮安金氏之墓'
라고 쓰여 있다. 탁영의 묘비에는 '탁영濯纓'이란 글자 위에 한
글자가 더 있을 만한 공간이 있는데, 글씨가 심하게 마모되어 판
독이 불가능하다. 두 봉분 중앙의 묘비에는 '문민공탁영선생지
묘文愍公濯纓先生之墓'라고 새겨져 있다. 탁영의 봉분 오른쪽 끝에
는 신도비가 세워져 있다. 부인의 봉분 곁에서 서편으로 약간 위
쪽에 증손인 도연道淵 김치삼金致三 내외의 묘가 있고, 그 위쪽으
로는 부친 남계南溪 김맹金盟과 어머니의 묘가 있다.

　묘역 주위로는 도래솔이 빙 둘러 있고, 정면 아래로는 대나무가 빼곡히 자라고 있다. 종손에 의하면, 일부러 가꾼 것이 아닌데도 무성하니 숲을 이루며 잘 자란다고 한다. 마치 탁영 할아버지의 절의를 보는 듯하여 묘소를 찾을 때마다 절로 경건해진다고도 하였다. 이런 것이 후손된 자의 마음이리라.

지금이야 4대의 조손祖孫이 함께 자리하고, 또 지극한 후손들이 철마다 애틋한 정성을 바치며, 학계의 관심 있는 여러 후학들이 자주 찾아와 예를 표하는 명승이 되었지만, 탁영이 이곳에 잠들기까지는 그리 간단치 않은 세월이었다. 더구나 이곳 고향으로 돌아오고도 수백 년을 혼자 외로이 이 터를 지키고 있었으니 말이다.

1498년 7월 27일, 탁영은 참형을 당하였다. 화를 당할까 두려워 어느 누구도 시신을 수습할 생각조차 하지 못했다. 친분이 있던 벗들은 그 이전에 세상을 떠났거나, 아니면 사화에 연루되어 화를 당하고 있었기 때문에 더 어려운 상황이었을 것이다. 그러면서 사흘을 보낸 29일, 탁영의 시신을 수습하여 양주楊州의 석교石橋 언덕에 임시로 장례를 치렀다. 바로 박조년朴兆年(1459~?)이었다. 그는 평소 탁영과 절친하였다. 탁영이 압송되어 옥사에 갇히자 날마다 의금부까지 와서 위문하고 갔으며, 화를 당한 후에는 멸문滅門의 위험을 무릅쓰고 시신을 수습하였다. 탁영의 연보에 전한다.

박조년은 자가 기수期叟이고, 본관은 반남潘南이다. 부친은 박임종朴林宗이고, 박억년朴億年(1455~1496)의 아우이다. 1489년(성종 20) 식년문과에 급제하여 이조정랑吏曹正郎을 역임하였다. 『탁영집』에는 벗 박증영朴增榮(1464~1493)이 세상을 떠나자 신용개申用漑 및 박조년 등과 함께 문상하고 쓴 애사哀辭가 전한다. 반남박씨 문중에 전하는「정랑공유사正郎公遺事」에 의하면, 탁영이 세상을 떠난 후 연산군이 집안의 문서를 수색하게 하였는데, 박조년의 필적이 가장 많았으나 의금부도사가 이를 숨겨 주어 화를 면하였다고 한다.

1506년 9월 중종반정이 일어났고, 그해 10월 목천木川의 작성산鵲城山으로 이장하였다. 이보다 앞선 1500년 7월 27일, 탈상을 마친 재취부인 예안김씨가 김대유에게 후사를 부탁하고 자결하였다. 작성산 시목동柿木洞 남향 언덕에 부인을 안장했는데, 이해(1506)에 부인의 묘소 오른쪽으로 이장한 것이다. 그리고 2년 뒤인 1508년 8월, 비로소 현재의 수야산으로 반장하였다.

목천에 있을 때 탁영의 묘비는 '탁영선생김공지묘濯纓先生金公之墓'라고 새겼다. 반장할 당시 예안김씨의 묘는 함께 이장하지 못하였고, 대신 묘비는 부인의 묘 앞에 그대로 두었다. 잠시나마 탁영의 묘소였음을 알리고 또 이장한 뒤 김씨부인의 묘소가 민멸될까 염려한 후손들의 마음이었을 것이다.

이렇게 남겨진 묘비와 김씨부인의 묘는 걱정했던 대로 후인들의 안타까움을 자아내곤 하였다. 예컨대 1624년 목천현감으로 부임한 조경趙絅(1586~1669)이 제문을 지어 올렸는데, "묘소 앞에 표석 하나 세우지 못하였으니, 그 세월을 누가 기억할 것이며, 무덤이 수풀에 묻히고 길에 가시덤불이 생겨도 누가 베겠습니까. 만약 지금부터 또 1백 년이 지난다면, 가래와 호미의 침입이 어찌 없겠습니까"라고 하여, 당시의 상황을 알려 주고 있다.

그런데 조경은 제문의 첫머리에서 "선생은 영남 청도 사람인데, 이곳에 장사한 것은 어찌된 일입니까"라는 글로 시작하고 있다. 이로 보아 그때까지도 묘소 앞에는 묘비가 세워져 있었고, 이를 본 조경이 탁영의 묘소라 여기고 제문을 지은 것이 아닌가 생각된다. 김씨부인은 1872년에야 남편의 곁으로 돌아왔다.

묘역 아래에는 영모재永慕齋가 있다. 후손들이 묘제墓祭를 준비하고 또 재계齋戒하는 재실齋室이다. 1914년 처음 재실을 짓고는 경모재景慕齋라 이름하였다. 간재艮齋 전우田愚(1841~1922)의 기문이 전한다. 간재의 말에 의하면, "본래 묘소 가까이에 서원이 있어서 별도의 제각祭閣을 짓지 않았었는데, 서원이 이미 훼철되었는지라 14대손 용희容禧가 주축이 되어 이 재실을 짓는다"라고 하였다. 그리고 지금은 정면 5칸, 측면 2칸의 건물 1동만 있지만, 당시에는 경모재 양쪽으로 보인재輔仁齋와 추의재追義齋가 있어, 지금보다 훨씬 규모가 컸음을 알 수 있다.

이후 이름을 영모재로 바꾸었다. 세월이 오래되면서 건물이 낡고 허물어졌으며, 게다가 묘제 때마다 수백 명의 사람이 참석하니 장소도 협소하였다. 재실의 보수와 확장을 절감하던 중에, 1999년 가을 묘제 때 종손 김상인이 중건을 제안하였고, 참석자의 만장일치로 결의하였다.

본래 영모재는 탁영만을 위한 재실이었다. 중건하는 과정에서 부친 남계공이 위쪽에 자리하고 있으니, 부자父子를 함께 추모하는 재실로 중건하자는 논의가 일었다. 이에 2000년 7월 영모재중건추진위원회를 결성하고, 2003년 5월 18일 비로소 낙성하였다.

제5장 **탁영가의 유물**

1. 보물 957호, 탁영금

탁영가에 전해오는 유품 중 종손이나 문중 어른이 특히 자랑스럽게 여기는 두 가지가 있다. 그중 하나가 탁영이 손수 만들어 연주하였다는 거문고, 바로 탁영금濯纓琴이다. 1988년 6월 16일 보물 957호로 지정되었다. 옛 선비들이 즐겨 사용하던 악기로서는 가장 오래된 국가문화재이다.

탁영금은 길이 160센티미터, 너비 19센티미터, 높이 10센티미터의 여섯 줄 거문고(六絃琴)이다. 제작연도는 1490년으로 추정하고 있다. 탁영의 「육현금 뒷면에 쓰다」(書六絃背)에서 1493년 독서당에서 공부할 때 이미 육현금을 만들어 거문고를 배웠다고 하였으니, 그 이전에 제작했음을 알 수 있다. 거문고 중앙 부분에

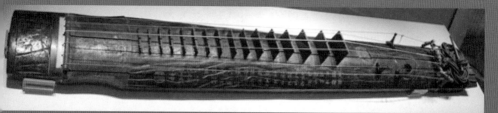

탁영금

탁영금 하단의 학 모습

탁영금 뒷면 각자

'탁영금濯纓琴'이란 글자가 음각陰刻되어 있고, 학 그림이 거문고 하단에 그려져 있다. 머리 부분인 용두龍頭와 줄을 얹어 고정시키는 운족雲足은 원형 그대로 보존되어 있고, 끝부분인 봉미鳳尾와 줄을 고정시키는 괘卦 등 일부는 새로 보수한 흔적이 보인다. 거문고 전면 하단에는 탁영이 세상을 떠난 후 옥강玉岡이라는 선비가 '탁영의 거문고'임을 밝히는 글이 새겨져 있다. 뒷면에는 모두 32글자의 금명琴銘이 쓰여 있다. 현재 국립대구박물관에 기탁해서 관리하고 있다.

탁영은 음악에 조예가 깊었다. 30세 되던 1493년 백원百源 이총李摠(?~1504)과 함께 거문고와 음악에 대해 나눴던 담화談話가 연보에 전한다. 이에 의하면 탁영은 거문고를 직접 만들어 연주했고, 그 실력도 꽤나 수준급이었던 모양이다. 백원은 이총의 자이다. 점필재 문하의 동문이고 남효온의 사위라는 점 외에도, 음률에 뛰어나 탁영과는 아주 절친했다. 특히 거문고 곡조를 통해 정신적 교유가 두터웠던 음악적 동지였다.

많지 않은 탁영의 글 중 거문고와 관련한 작품이 네 편이나 전한다. 무엇보다 그 내용에서 그의 정신을 간파할 수 있으니, 바로 '외금내고外今內古'이다. 그가 거문고에 새긴 '외금내고'는 탁영가의 정신이 되어 현재까지 후손들의 마음에 면면히 이어지고 있다. 그의 거문고 이야기를 해 볼까 한다. 우선 탁영이 거문고를 갖게 되는 이야기부터 시작해 보자.

이 오동은 나를 저버리지 않았구나

탁영은 평소 자기만의 거문고를 갖고 싶어했다. 소리가 잘 나는 질 좋은 나무를 찾아다닌 지도 벌써 오래되었다. 그러던 어느 날 동화문東華門 밖에 사는 한 노파의 집에서 꽤 괜찮은 재목을 얻게 되었다. 바로 그 집의 문짝(門扉)이었다. 노파에게 그 문짝이 오래되었냐고 물었다. "근 100년은 되었는데, 한쪽 지도리는 벌써 불쏘시개로 사용했지요."

그 문짝으로 거문고를 만들어 타니 소리가 맑았다. 밑부분에는 문짝으로 쓰일 때의 못 구멍이 세 개나 여전히 남아 있었다. 알아줌을 만난 것이 초미금焦尾琴과 다르지 않았다. 마침내 거문고 아랫부분의 구멍(越) 오른편에 명銘을 새겼다.

만물은 외롭지 않으니	物不孤
마땅히 짝을 만난다네.	當遇匹
백세가 지나도록	曠百世
기필하기 어렵기도 하나	或難必
아아! 이 오동나무는	噫此桐
나를 저버리지 않았구나.	不我失
서로 기다린 게 아니라면	非相待

누구를 위해 나타났으리. 爲誰出

후한後漢 때 학자 채옹蔡邕(132~192)이 어느 날 길을 가고 있는데, 어디선가 오동나무가 불에 타는 소리가 들렸다. 음률에 정통했던 채옹은 그 소리를 듣고 단박에 재질이 좋은 나무임을 알았다. 채옹은 그 나무를 얻어다 거문고를 만들었는데, 소리가 아주 좋았다. 그런데 거문고를 만들고 보니 아래 끝부분에 타다 남은 자국이 그대로 남아 있었다. 아마도 어느 집에서 밥을 짓기 위해 불 때던 나무를 아궁이에서 꺼냈던 모양이다. 그래서 '끝부분이 불에 타다 만 거문고'라는 뜻으로 '초미금'이라 이름하였다. 만나야 할 '인연'이었으리라.

탁영이 거문고를 얻는 과정도 채옹 못지않은 인연이었다. 근 100년을 남의 집 문짝으로 있으면서 여러 사람의 손을 탔을 뿐만 아니라, 여기저기 못자국이 패일 만큼 험하게 다루어졌을 것이다. 그러고도 제대로 된 쓰임을 위해 기다렸던 것이다. 탁영은 "이 오동이 나를 저버리지 않았다"는 한마디 말로 그때의 감격을 표출하였다.

지금의 음악은 옛 음악에서 말미암은 것

거문고는 선비의 악기이다. 그 소리의 울림이 둔탁한 듯

깊고 여운이 길다. 가야금의 울림이 가벼운 듯 맑고 경쾌한 것과는 대조를 이룬다. 그래서 거문고가 기절氣節이 곧은 선비의 소리라면, 가야금은 가냘프고 여린 여인네의 소리라 일컬어지곤 하였다.

　그 울림 때문이었을까. 예로부터 선비들은 거문고를 늘 가까이에 두었다. 음악을 연주하는 악기일 뿐만 아니라 그 울림을 통해 사람의 성정性情을 다스릴 수 있다고 믿었기 때문이다. 물론 이는 공자의 예악관禮樂觀에서 연유한다. 예가 인간사회의 바른 질서를 의미한다면, 악은 인간사회의 조화를 일컫는다. 공자의 유가 세계는 이 예악으로 대표되는 질서와 조화에 의해 운영된다. 유교국가인 조선 또한 이러한 예악 정신이 가득 찬 이상국가를 구현하기 위해 애썼다. 따라서 조선 선비에게 거문고는 개인의 성정을 다스리고 도道를 싣는 사물로 인식되었다. 게다가 성군聖君의 표상인 순舜임금이 오현금五絃琴을 사용하였고, 주周 문왕文王과 무왕武王이 각각 한 줄씩을 더하여 칠현금七絃琴을 사용했다고 전한다. 그러니 거문고를 가까이 두고 아끼지 않을 수 있었겠는가.

　조선시대 거문고 악보를 모아 놓은 『한금신보韓琴新譜』에는 거문고를 연주해서 안 되는 다섯 가지 상황이 제시되어 있다. 첫째, 강한 바람이 불고 비가 심하게 내릴 때는 연주하지 않는다. 둘째, 속된 사람을 대하고는 연주하지 않는다. 셋째, 저잣거리에서는 연주하지 않는다. 넷째, 앉은 자세가 적당치 못할 때는 연주하지 않는다. 다섯째, 의관을 제대로 갖추지 않았을 때는 연주하지 않는다.

그뿐인가. 거문고는 소리 내는 것도 쉽지 않다. 선율을 타는 것은 둘째 줄인 유현遊絃과 셋째 줄인 대현大絃이다. 유현은 맑고 부드러운 소리가 나지만, 굵고 투박한 대현은 그저 손가락으로 뜯어서는 제대로 소리를 낼 수 없다. 해죽海竹으로 만든 술대로 힘차게 내리쳐야 특유의 깊고 두터운 소리가 울려 나온다. 거문고는 예나 지금이나 아마추어가 제대로 연주할 수 있는 악기가 아니다. 이처럼 어렵고 까다로운 악기임에도 조선시대 선비들은 거문고를 늘 곁에 두고 애용하였다. 탁영도 예외가 아니었다.

계축년(1493, 성종 24) 겨울에 나는 신개지申漑之(用漑)·강사호姜士浩(渾)·김자헌金子獻(勘)·이과지李顆之(顆)·이사성李師聖과 함께 번갈아 가며 독서당에서 공부하였다. 틈날 때마다 거문고를 배웠다. 권향지權嚮之(五福)도 가끔 옥당玉堂에서 내왕하며 배웠다. 그가 말하기를 "여러분께서는 옛것을 좋아하면서 왜 오현금이나 칠현금을 곁에 두지 않습니까?"라고 하였다. 내가 말하였다. "지금의 음악은 옛날 음악에 말미암은 것이오. 소강절邵康節이 옛날 옷인 심의深衣를 입지 않고 '지금 사람은 마땅히 지금의 옷을 입어야 한다'고 했는데, 나는 이 말을 취한 것이오."

권향지가 또 말하였다. "왕산악王山岳이 처음 육현금을 연주
하자 검은 학이 날아와 춤을 추었소. 그래서 '현학금玄鶴琴'이
라 이름했는데, 후에 '학' 자를 빼고 '현금'이라 하였소. 한 대
의 거문고와 한 마리의 학이 짝을 이루었는데, 이 거문고는 외
짝이구려." 내가 말하기를 "학은 먹을 것을 도모하지만 거문
고는 먹지 않으며, 학은 욕심이 있지만 거문고는 욕심내지 않
으니, 나는 욕심이 없는 것을 따르겠소. 그러나 그림으로 그려
놓은 학은 욕심이 없을 테니, 나는 거문고에 학을 그려 넣어 그
들을 따르겠소"라고 하였다. 그러고는 용헌慵軒 이거사李居士
에게 학을 그려 달라고 청하였다.

1493년이면 탁영이 서른 살 때이다. 인용문의 여러 인물들
은 모두 점필재 문하의 동문이다. 이들이 거문고를 배웠다. 요즘
말로 그룹 과외를 했는지도 모르겠다. '향지'는 수헌睡軒 권오복
權五福(1467~1498)의 자字이고, 마지막 구절의 '용헌'은 당시 유명
한 화가였던 이종준李宗準(?~1498)을 가리킨다. 점필재 문하의 동
문이며, 자가 중균仲勻이다. 그는 탁영이 「중균의 그림에 쓰다」(書
仲勻畵)에서 "아, 우리 중균이여. 그대가 나보다 먼저 태어났더라
면 같은 시대에 살지 못함을 늘 한탄했으리라"라고 읊었을 만큼
허여했던 벗이었다.

왕산악과 현학에 관한 기록은 『삼국사기三國史記』 권32 「악지樂志」에 보인다. 진晉나라에서 고구려에 칠현금을 보내왔는데, 당시 이를 다룰 줄 아는 이가 없었다. 그래서 당대 최고의 악관樂官이었던 왕산악이 본래 모양은 그대로 두고 줄을 하나 덜어내어 육현금으로 만든 후 100여 곡을 작곡해 연주하였다. 그러자 검은 학이 날아와 춤을 추었다. 이 때문에 '현학금'이라 이름했다가 후에 '현금'으로 바꾸었다고 한다. 이후 우리나라 거문고는 왕산악의 육현으로 정착되었고, 이는 탁영이 활동하던 15~16세기까지도 지속되었으며, 그리고 현재도 마찬가지이다.

그런데 권오복이 물었다. "언제나 옛것을 좋아한다면서 왜 거문고는 요새 유행하는 육현금을 타느냐"라고. 아마도 순임금의 오현금이나 문왕의 칠현금을 타야지, 이러면 명실名實이 상부相符하지 않는다는 질책도 들어 있었으리라.

"지금의 음악은 옛날의 음악에 말미암은 것이다"라는 말은 『맹자孟子』 「양혜왕 하梁惠王下」의 첫 부분에 나온다. 혜왕을 만난 맹자가 과거 성왕聖王의 음악이 아닌 지금의 음악을 좋아한다는 것으로 부끄러워하는 임금에게 일러 준 말이다. "지금의 음악은 곧 옛날의 음악에서 연유한 것입니다. 옛 성인의 음악이 좋다지만, 혼자만 알고 혼자서만 즐긴다면 그것은 아무 의미가 없습니다. 그보다는 지금 사람의 음악을 지금 사람들과 함께 즐겨야 하는 것입니다." 바로 '시대에 맞게 행동'하는 '시의時宜'를 강조한 말이다.

 '소강절'은 중국 역학易學의 대표 학자인 소옹邵雍(1011~1077)
을 일컫는다. '강절'은 그의 시호諡號이다. 소강절의 말은 명明나
라 때 윤직尹直이 쓴 『건재쇄철록謇齋瑣綴錄』에 보인다. 사마광司馬
光(1019~1086)이 평소 심의를 좋아하여 즐겨 입었다. 어느 날 소강
절에게 "어찌하여 이 옷을 입지 않습니까?"라고 물었다. 소강절
이 "나는 지금 시대의 사람이니, 응당 지금 사람의 옷을 입어야
겠지요"(某爲今世之人, 當服今人之衣)라고 답하더라는 것이다.

 생각해 보라. 오현금이든 칠현금이든 또는 육현금이든 그
음악에 담고자 하는 연주자의 마음은 똑같다. 순임금이나 문왕
이나 탁영의 마음은 같은 것이다. 다만 당시 모두가 육현금을 연
주하는데 탁영만 오현금이나 칠현금을 연주한다면, 그것이 모두
에게 공감이 되었을까. 음악은 개인의 성정뿐만 아니라 백성을
교화하는 중요한 수단이었는데 말이다. 독특한 개성이라고 한
번은 인정받았을지 몰라도, 공감대 형성에는 분명 실패했을 것이
다. 여기서 탁영이 말한 '외금外今'의 중요성을 알 수 있다.

 여기에 더하여 거문고를 통해 '무욕無慾'의 삶을 추구하고
있다. 권오복은 『삼국사기』 속 '현금래학玄琴來鶴'의 일화를 끌어
와 '거문고와 학'을 거론하였다. 그러나 탁영이 말한 '학'은 이
와 다르다. 학이 물가에 내려앉는 것은 먹이를 잡기 위해서다. 이
는 본능적 욕구이다. 학은 그 욕심으로 인해 되레 인간에게 붙잡

히는 화를 당하기 십상이다. 물가의 백구白鷗를 비유한 선현들의 경구警句가 얼마나 많았던가. 음악을 통한 성정의 수양은 '인욕을 없애는 것'(遏人慾)만함이 없다. 탁영은 거문고의 학을 빌려 스스로를 경계시키고 있다. 「금가명琴架銘」에서 볼 수 있듯, 탁영에게 있어 '거문고란 자신의 마음을 단속'(琴者, 禁吾心也)하는 것이었다.

순임금의 치세를 염원하다

육현금을 통해 이 시대와 공감하려 했다 하여, 옛 성현의 도를 소홀히 한 것은 아니었다. 팝송이나 K-POP을 자주 듣는다고 해서 우리 국악을 싫어하거나 멀리하지 않는 것과 같은 이치라고나 할까. 탁영도 육현금만을 고집했던 것은 아니었다.

나는 이미 육현금을 독서당에 비치해 두었고, 또 오현금을 집안에 두었다. 길이는 석 자, 너비는 여섯 치로, 요즘의 자를 쓰고 옛 모양을 취하였다. 여섯 줄에서 줄 하나를 빼고 다섯 줄로 만든 것은 번거로움을 덜기 위해서이다. 열여섯 개의 괘에서 네 개의 괘를 덜어 열두 괘로 만든 것도 번거로움을 덜어 열두 개의 음을 보존하기 위한 것이다. 줄을 다섯 줄로 만드니 석 줄은 괘 위에 얹어져 있고, 두 줄은 괘의 바깥에 개방현으로 위치한다. 괘는 오동나무로 만든 몸체의 정중앙에 위치하여, 한쪽으로 기울어서 바르지 못하게 되는 폐단을 없앤다. 괘는 방언이다. 이는 비록 옛 제도를 다 맞추지는 못했지만, 또한 옛 제도와 그리 심하게 어긋난 것도 아니다. 이에 「남풍南風」을 연주하니 절절하게도 태고의 유음遺音이 있었다. 어떤 손님이 "겉으로는 독서당에 육현금을 두고 개인적으로는 집안에 오현금을 두었는데, 무슨 의미가 있습니까?"라고 물었다. "나는 '겉으로는 지금의 것을, 마음으로는 옛것'(外今內古)을 따르고자 합니다"라고 대답하였다.

「오현금의 뒷면에 쓰다」(書五絃背)의 전문全文이다. 탁영은 이미 육현금을 가지고 있으면서 오현금을 하나 더 장만하였다. 육현금은 여러 사람이 함께하는 독서당에 두고, 오현금은 혼자 연주할 수 있게 집에 두었다.

탁영의 오현금 제작은 일종의 악기 개량에 해당된다. 한국음악사 관련 선행연구에 의하면, 현재까지 거문고를 공식적으로 개량한 기록은 발견되지 않았다고 한다. 기록상으로는 탁영의 오현금이 우리나라 최초의 개량 거문고가 되는 셈이다. 오현금도 현전했다면 비상한 관심을 불러일으켰을 것이다.

탁영은 권오복의 질문이 못내 마음에 걸렸는지도 모르겠다. 입으로는 공자의 '옛것을 좋아하여 민첩하게 그것을 구하는(好古

敏以求之) 사람'이라 늘 말하면서도, 정작 겉으로는 현실만 좇는 듯한 자신을 경계하는 일침이라 여겼을지도 모르겠다. 지금의 음악은 옛날의 음악에서 말미암는 것이니, 줄을 몇 개 덜어 낸다 한들, 이는 형식에 불과한 것이다. 그의 말을 빌리자면, 그저 번거로움을 덜어낸 것뿐이다.

「남풍」은 순임금이 작곡하여 오현금으로 연주했다는 노래이다. 「남풍가南風歌」라고도 부른다. 그 가사의 내용은 이러하다. "남풍의 훈훈함이여, 내 백성의 원망을 풀어 주리로다. 남풍이 제때 불어옴이여, 내 백성의 재물을 풍족하게 해 주리로다."(南風之薰兮, 可以解吾民之慍兮. 南風之時兮, 可以阜吾民之財兮.)

순임금은 음악에 조예가 깊었다. 음악을 통한 치세, 민심의 화합을 추구했던 인물이었다. 『서경書經』「익직益稷」에 의하면, 순임금이 「소韶」라는 음악을 지어 연주하니 봉황이 날아와 춤을 추었다고 한다. 공자는 이 「소」를 듣고 "지극히 아름답고도 지극히 선하다"(盡美矣, 又盡善也)라고 하였고, 그 감동으로 인해 석 달 동안 고기 맛을 모를 지경이었다고 극찬하였다.

탁영은 오현금으로 순임금의 「남풍가」를 연주하였다. 탁영에게 있어 오현금은 순임금의 상징이었다. 그가 연주하는 오현금의 세계는 순임금의 치세에 대한 염원이었을 것이다. 탁영의 순임금에 대한 동경과 존숭은 이맹전에게 차운한 시에서도 확인할 수 있다. 선양禪讓을 통한 태평치세에 대한 열망과도 직결된

다. 내면적으로는 순임금의 치세를 간절히 염원하면서도 자신의
시대가 원하는 육현금도 외면할 수 없었던 것이다. 현실을 외면
하지 않으면서(外今) 자신의 이상(內古)을 추구하는 중립적이고 합
리적인 삶이라 할 수 있겠다.

2. 성종이 하사한 벼루

집필을 위해 처음 백곡을 찾았을 때 '우리 탁영가의 보물'이
라며 강조한 두 가지 중, 나머지 하나가 바로 지금 소개할 '탁영
의 벼루'(濯纓硯)이다. 이것은 '탁영이 호당湖堂에서 사가독서賜暇
讀書하던 1492년 성종에게 하사받았다'는 이야기가 문중에 전해
올 뿐, 그 외에는 확인할 만한 문헌이 전혀 없다. 따라서 이 벼루
는 청도박물관을 개관(2013)할 때 기탁하여 관리하고 있는데, 그
안내문에도 "탁영 김일손 선생이 성종 임금으로부터 하사받은
벼루라 하여 탁영 문중에 가전되어 온 것이다"라고만 쓰여 있다.

청도박물관에서 만난 탁영의 벼루는 생각했던 것보다 훨씬
작고 아담하였다. 종손의 말대로라면 5백 년 이상의 모진 세월을

버텨 온 것인데, 단아하면서도 기품 있는 모습을 지니고 있었다. 처음 운계정사를 찾았을 때의 그 느낌과도 닮아 있었다. 그러나 벼루에 새겨진 도상圖像만큼은 너무도 또렷하여 강한 인상으로 다가왔다.

　필자는 벼루에 대해 문외한이다. 게다가 문중에 전해오는 한마디 외에는 이 벼루를 설명할 근거가 없다. 어디에서도 기록을 찾을 수가 없었다. 탁영가는 탁영금을 보물로 지정받기 위해 상당한 물리적 고초를 겪었다. 그 절차가 매우 까다로운 데다 대부분의 심의가 서울에서 여러 차례 이루어졌기 때문에, 종손 이하 종중의 어른들이 청도와 서울을 오가며 몇 년을 고생하였다. 따라서 이들에게 '탁영 벼루'는 문중에 내려오는 선대의 유품이라는 그 사실만으로도 충분히 의미 있고 값진 것이었다. 다시는 보물이나 문화재 지정을 받기 위해 그처럼 까다롭고 험난한 절차를 밟고 싶어하지 않았다. 그래서 청도박물관에 기탁하기 전까지는 전혀 공개하지 않았다고 한다. 기탁을 결정한 것도 도난의 위험을 겪었기 때문이었다. 종손은 '종택에 이런 유품이 전해오고 있다'는 정도의 기록만으로도 만족스럽다는 소박한 소망을 드러내었다.

　필자도 그랬다. 벼루를 보기 전까지는 그렇게 생각했다. 그러나 청도박물관에서 벼루를 접한 이후 그렇게 스치듯 서술하고 지나칠 수가 없었다. 실물을 보기 위한 절차를 밟은 후 다시 박물관을 찾았다. 그리고 서예 활동을 하는 주변의 지인을 통해 벼루 전문가를 소개 받았다. 바로 '희재希齋 한상봉韓相奉 선생'이다. 한선생은 고미술협회와 한국감정가협회 감정위원을 역임했으며, 현재 한국미술협회 감정위원으로 활동하고 있다. 또한 한국서예금석문화연구소를 운영하면서 관련 분야의 전문 후학들을 양성하고 있다.

한선생은 필자가 보내 준 벼루 사진과 관련 이야기를 듣고 깊은 관심을 보였다. 기꺼이 청도박물관을 방문해 실물을 보고자 했다. 그러나 안타깝게도 집필 일정이 촉박하여 후일을 기약할 수밖에 없었고, 사진을 보는 것으로 많은 도움을 주었다. 일면식이 없었음에도, 전문가로서 연구자로서 보여 준 관심과 열정에 고마움을 표한다. 지금부터의 기록은 한상봉 선생의 전문가 소견에 필자의 공부를 살짝 얹은 것이다.

'연벽묵치硯癖墨痴'라는 말이 있다. 좋은 벼루와 먹에 대한 갈망이 지나쳐 병이 된 경우를 일컫는다. 흔히 좋은 벼루와 먹을 수집하는 데 빠져 있는 이들을 일컬을 때 쓴다. 예부터 문인들은 좋은 벼루를 갖고자 열망하였다. 특히 좋은 글을 쓰기 위해서는 좋은 벼루가 필수적이라 여겼다. 석질이 좋아야 먹이 잘 갈리고, 그래야만 적절한 농도로 먹물이 종이에 잘 스며든다. 그래서 벼룻돌이 중요하고, 돌의 성분과 색깔도 꼼꼼히 따졌다. 게다가 벼

탁영 벼루

루의 디자인과 도상이 품위 있고 뛰어나다면 그야말로 금상첨화
錦上添花이다.

　일명 '탁영 벼루'는 크기가 가로 12.15센티미터, 세로 21.7
센티미터이다. 높이는 정확히 알 수 없다. 벼루가 나무 상자에 들
어 있어 분리되지 않는 데다, 중앙을 가로질러 심하게 깨져 있는
지라 무리하게 분리를 시도할 수도 없어, 높이를 정확히 측량할
수 없었다. 나무 상자의 높이는 9.5센티미터이다.

이 벼루는 언뜻 검은 색으로 보이나, 자세히 살펴보면 붉은 빛(紫色, 자주빛)을 띠고 있다. 먹물이 스며들어 검게 보일 뿐이며, 손가락으로 벼루 바닥을 밀어 보면 먹가루가 묻어나온다. 먹물이 덜 묻은 상하 가장자리에서 붉은 빛을 확인할 수 있다.

이 벼룻돌은 평안북도 위원渭原에서 나는 화초석花草石이다. 위원석은 흔히 녹색과 자석층의 켜(層)에 따라 화초석 외에 자석紫石과 녹석綠石 등 세 가지로 분류한다. 함경도 지방에서 생산되는 우리나라의 대표적인 벼룻돌이다. 봉망이 약해 부드럽기는 하나 먹이 더디게 갈리고, 한동안 사용하면 날이 잦아드는 결점이 있다. 그러나 석질의 특성상 조각을 하면 문양이 아름답기로 이름나 있다. 사실적이고 생동감 넘치는 조각에는 아주 제격이었기 때문에, 양반가나 왕궁에서도 벼룻돌로 즐겨 사용했다고 한다. 주로 포도 문양이나 산수山水, 용龍, 연잎(荷葉) 등을 조각하였고, 장생문長生文이나 매죽문梅竹文에도 적극 활용하였다.

먹을 가는 바닥이 둥근 해(日) 모양이고, 먹물이 고이는 물집이 반달(月) 모양이니, '일월연日月硯'이다. 보관 상태가 좋지 않아 이 부분이 심하게 훼손되어 깨졌고, 바닥 부분의 일부가 떨어져 나갔다. 도상에는 매화(梅)와 대나무(竹), 그리고 새가 그려져 있다. 따라서 이를 종합하면, '탁영 벼루'의 정확한 명칭은 '위원화초일월매죽연渭原花草日月梅竹硯'이라 부를 수 있다.

나무 상자의 바깥쪽 밑바닥에는 '무신사월조자계戊申四月造

紫溪'라는 일곱 글자가 새겨져 있다. '무신년 4월에 자계에서 만들다'라는 의미이다. 종택에 의하면, 16대 종손 김종석金鍾碩(1890~1937)이 자계서원에서 벼루의 상자를 만들었다고 한다. 그렇다면 '무신년'은 1908년이다. 뚜껑 안쪽 면에는 '원상院上'이라는 두 글자가 새겨져 있다.

시선을 도상으로 옮겨 보자. 왼쪽에는 대나무 두 그루가 있고, 오른쪽으로는 매화 한 그루가 새겨져 있다. 마디가 굵은 대나무 한 대가 아래에서 솟아올라 가운데 벼루 바닥과 물집을 지나 상단 끝까지 솟아 있으며, 그 왼쪽으로 솟은 지 얼마 안 된 죽순 한 대가 나란히 있다.

오른쪽의 매화는 하단 오른쪽 모서리에서 가지가 뻗어 나와 벼루의 좌우 양끝으로 가지를 펼치고 있다. 굵기로 보아 꽤 오래된 고매古梅이다. 단단하고, 고집스러우면서도 강단 있는 기개가 느껴진다. 굵은 마디에서 뻗어나간 양 가지에는 각각 만개한 매화 두 송이와 봉오리 세 개가 달려 있다. 그중 오른쪽 가지의 꼭대기에 새가 한 마리 앉아 먼 곳을 응시하고 있다. 그리고 하단 오른쪽으로 새가 한 마리 더 그려져 있다.

이 부분은 특히 주목해서 볼 필요가 있다. 매화의 굵은 가지 곁에는 새 외에 짐승이 한 마리 그려져 있다. 큰 뿔이 달렸으며, 두 다리의 탄탄한 근육을 보자면, 힘세고 거칠고 사나운 짐승이다. 그 짐승이 부리부리한 눈을 부릅뜨고는 입을 쩍 벌린 채 새를

벼루 하단 모습

잡아먹고 있다. 이미 새의 목덜미까지 짐승의 입 속으로 깊숙이 들어간 상태이다.

매화와 대나무를 포함한 사군자四君子는 '선비'의 표상이다. 매화는 겨우내 매서운 추위 속에서도 꽃망울을 맺고 있다가 가장 먼저 꽃을 피운다. 추위를 이기며 피어나는 속성 때문에 어려운 여건 속에서도 자신을 지키는 군자나 지사志士에 비유되었다. 대나무는 곧게 자라서 쉽게 부러지지 않는 강직함을 지닌다. 속이 비어 넉넉하면서도 추운 겨울에도 푸름을 잃지 않는다. 한겨울에도 푸름을 지닌 채 곧게 뻗은 그 늠름한 모습은 하늘을 우러러 한 점 부끄러움이 없는 군자의 형상이다. 때문에 예로부터 그림이나 글씨, 문학 작품 속에서 매화나 대나무는 특히 '군자'의 상징으로 표현되었다.

벼루의 도상 또한 예외가 아니었다. 만약 탁영의 삶과 정신, 불굴의 직필直筆 행위 등을 '사물'로 표현한다면, 매화나 대나무가 제격이다. 이를 성종이 하사한 벼루로 단언斷言할 수 있다면,

받는 사람인 탁영의 인품과 지절志節에 맞게 '매죽연'을 선택한 것은 '신神의 한 수'였다고 말할 수 있다.

그러나 여전히 하단의 '짐승과 새', 그리고 상단의 새가 의문으로 남는다. 일반적으로 서화나 도상의 동식물은 그 의미가 각각 다르다. 대체로 새가 두 마리일 경우, 특히 이 도상처럼 상하에 배치될 경우에는 임금과 신하(백성), 혹은 어미 새와 새끼를 상징한다. 일반적인 관점으로 이 도상을 읽어 보자면, 백성(새끼)이 해를 당하고 있는데, 임금(어미 새)이 모른 체하고 있는 형상이다. 벼루 도상에서는 보기 드문 아주 독특한 그림이라 하겠다.

이 도상과 관련해서는 여러 가지 가능성을 제기할 수 있을 것이다. 그러나 현재로서는 이를 뒷받침할 관련 문헌이 전혀 없으므로 섣부른 추정은 삼가고자 한다. 훗날 이를 보완할 새로운 자료가 발견되고, 또 이의 가치를 세상에 드러낼 전문가의 탁견卓見을 기다리며 과제로 남겨 둔다.

3. 문헌과 고문서

탁영종택에는 수백 년의 역사가 서린 종가라 하기엔 전하는 문헌 자료가 많지 않다. 무오사화 이후 가택 수색을 당해 모두 압수되었을 뿐만 아니라, 집안에서도 화를 당할까 두려워 남은 자료를 모두 불태웠기 때문이다. 또한 살아남은 사람들도 유배를 가거나 뿔뿔이 흩어져서 문중 건사가 어려웠기 때문에, 집안의 문헌을 챙겨서 보존할 엄두를 내지 못하였다.

종택에 소장된 문헌과 고문서는 2013년 청도군과 한국학중앙연구원이 진행한 '디지털청도문화대전'에서 일차적으로 조사하였다. 이 자료는 현재 온라인상에 공개되고 있다. 아래 개략적인 설명은 이에서 많은 도움을 받았으며, 그 외 탁영 문집의 출간에 대해 상세한 설명을 추가하였다.

　탁영종택에는 32종 46책의 전적이 소장되어 있다. 크게 자계서원 소장본과 종택 소장본으로 나눌 수 있다. 서원 전적으로는 1615년에 작성된「자계서원청금록紫溪書院靑衿錄」과「자계서원안紫溪書院案」,「봉안제의품목奉安祭儀稟目」외에도 강회계안講會契案, 완의문完議文 등이 있다. 대개 서원의 인적 구성과 운영, 제향 인물과 관련된 자료들이다. 종택 전적으로는 보학류譜學類로『가락사적고駕洛事蹟考』(1610),『김해김씨가락국왕선원속보金海金氏駕洛國王璿源續譜』,『김해김씨삼현파보金海金氏三賢派譜』(1686) 등이 있고, 문집류로는『탁영집濯纓集』,『삼족당선생일고三足堂先生逸稿』,『도연선생문집』외에『필재문인록畢齋門人錄』,『필재문인록변파畢齋門人錄辨派』등이 있다. 이처럼 자계서원 관련 자료가 탁영종택에 소장된 이유는 1871년 서원이 훼철되면서 옮겨 보관해 왔기 때문이다. 이는 김창윤의『모천연보』에서도 확인할 수 있다.

삼현의 판목

　판목으로는『탁영집』·『탁영선생문집』·『탁영선생문집속편』·『삼족당선생일고』·『도연선생문집』등 5종이 전하고 있다.『탁영집』89장,『탁영선생문집』209장,『탁영선생문집속편』26장,『삼족당선생일고』48장,『도연선생문집』42장이다. 이들

다섯 판목은 모두 현재 한국국학진흥원에 기탁하여 관리하고
있다.

　이 중『탁영집』판목을 소개하자면, 이는 1925년에 제작된
목판木板으로, 결락이 없는 89장의 완본판이다. 판심제는 '탁영
집濯纓集'이고, 크기는 가로 58.4센티미터, 세로 24.0센티미터, 두
께 2.9센티미터이다. 사주쌍변四周雙邊에 계선界線이 있고, 내향이
엽화문어미內向二葉花紋魚尾에 행관行款은 반엽 10행 20자, 상하 비
선은 백구白口로 되어 있다.

　『삼족당선생일고』판목은 모두 48장이다. 판심제는 '삼족당
일고三足堂逸稿'인데, 목록의 권두제와 판심제는 '삼족당선생문
집'으로 되어 있다. 『삼족당선생문집』은 1909년과 1923년, 1932
년에 3차례 판각되었으며,『삼족당선생일고』는 1919년과 1963년
에 판각되었다. 『일고』판목은 모두 청도에서 판각한 것이지만,
『문집』판목은 청도에서 제작한 것이 1909년 판이고, 1923년은
영주 수암정에서 판각하였다. 그렇기에 현전하는『삼족당선생문
집』이라 표기된 목록 판목은 1909년에 제작된 것으로 추정된다.
따라서 종택에 소장된『삼족당선생일고』판목은 1909년『문집』
이 초간된 후 남은「목록目錄」판목과, 1919년에 제작된『일고』
판목 일부와, 1963년 보결補缺한『일고』판목이 섞여 있다고 볼
수 있다.

　판목의 크기는 가로 48.6센티미터, 세로 21.2센티미터, 두께

2.3센티미터이다. 판각 사항은 사주쌍변四周雙邊에 계선이 있으며, 상하백구上下白口, 내향이엽화문어미內向二葉花紋魚尾, 반엽 10행 20자로 되어 있다.

『도연선생문집』은 3권 1책의 목판본으로, 1915년 탁영의 14대손 용희에 의해 편집·간행되었다. 판본의 크기는 가로 47.3센티미터, 세로 19.5센티미터, 두께 2.1센티미터이다. 사주쌍변四周雙邊에 계선이 있으며, 상하백구上下白口, 내향이엽화문어미內向二葉花紋魚尾에 반엽 10행 20자로 되어 있다.

『탁영집』 간행

탁영이 세상을 떠나고 14년이 지난 1512년(중종 7) 겨울 10월 어느 날, 중종은 경연에서 신하들과 함께 동국東國의 문인에 대해 논하고 있었다. 중종이 하문하였다. "내 일찍이 듣자하니, 중국 사람들이 김일손의 문장이 당나라 한유韓愈에게 견줄 만하다고 했다는데 아직 보지를 못했다. 그 문장은 과연 어떠한가?" 참찬관參贊官 조원기趙元紀(1457~1533)가 답하기를 "비단 그 문장뿐만 아니라 글의 사상 또한 애독할 만하며, 그 사람됨과 학문 그리고 절행節行은 일대의 명류名流로서 조금도 부끄러움이 없습니다"라고 하였다.

중종은 즉시 교서관校書館에 탁영의 유문遺文을 구하라는 교지를 내렸다. 장조카 김대유를 중심으로 원고를 수습하였으나, 사화 이후 거의 소실되고 남은 것이라곤 백에 천에 한둘뿐이었다. 이렇게 수습된 원고도 곧바로 출간하지 못하였고, 7년이 지난 1519년에야 비로소 2권 1책의 목판본으로 초간初刊되었다. 당시 경상도관찰사로 있던 모재慕齋 김안국金安國의 전폭적인 지원에 힘입은 바가 컸다. 탁영의 연보에 의하면, 김안국이 당시 문집의 서문을 지었다는데, 『탁영집』에도 『모재집』에도 실려 있지 않다. 초간본은 현재 국립중앙도서관(貴188, 한-46-가1767) 등에 소장되어 있으나 보존 상태가 좋은 편이 아니다.

그 뒤 1668년(현종 9)에 송시열宋時烈의 서문을 붙여 6권 2책으로 중간重刊하였다. 초간 때 원체 수습된 원고가 적었기 때문에, 중간 때는 누락되었거나 새로운 관련 문헌을 추가로 실었다. 예컨대 자계서원 사액과 시호諡號에 관한 글, 조경趙絅이 쓴 「절효선생효문비명발節孝先生孝門碑銘跋」, 백형 김준손의 「중종반정격문中宗反正檄文」, 그리고 「삼족당선생유시三足堂先生遺詩」 등이 있다.

1838년(헌종 4)에는 운석雲石 조인영趙寅永(1782~1850)의 발문과 추후 수습된 문헌을 추가하여 2차 중간을 하였다. 조인영이 1827년에 발문을 썼으니, 2차 중간 또한 출간되기까지 10년 가까운 세월이 소요되었음을 알 수 있다. 이때 추가된 것으로는 문묘종사를 청하는 「청문묘종사소請文廟從祀疏」를 비롯하여 「묘표墓表」와 「묘지명墓誌銘」 등이 있다. 모두 8권 2책이었다.

1962년에 속편續編을 붙여 3차로 중간하였고, 1985년에는 연보와 합편하고 문집 해제를 추가하여 『탁영전집濯纓全集』 영인본을 발간하였다. 1874년 김대유가 쓴 탁영 연보가 발견되었고, 이는 별쇄본으로 출간하여 배포했었는데, 이때에 이르러 상하로 속편하여 출간하였던 것이다. 이후 이 전집을 저본으로 하여 1994년 12월 번역본 『국역 탁영선생문집』을 출간하였다. 이는 전체 문집 발간에서 보자면 여섯 번째에 해당된다.

그리고 2008년 2월 탁영종택과 부조묘가 경상북도 지정문화재 기념물 제161호로 지정되면서, 이를 기념하여 문중에서 탁영선생숭모사업회를 결성하였다. 사업회는 무엇보다 『탁영집』의 정본 발간의 필요성을 절감하고 이에 착수하였다. 지금까지의 문집을 참고하여 발굴된 탁영의 작품을 모두 수록함은 물론이고, 나아가 탁영가의 삼현 및 이들과 관련한 모든 자료를 취합하였다. 뿐만 아니라 정선된 현대어로 번역하여 일반인도 탁영의 학문과 정신을 이해할 수 있도록 하였다. 이때가 2012년 11월이었으며, 일곱 번째 간행이었다.

고문서

종가에 전하는 고문서로는 먼저 김일손과 그의 두 부인을 추증하는 교지 5종과, 자계서원의 홀기笏記와 둔전답屯田畓 등본을

탁영 증시교지

단양우씨 증직교지

예안김씨 증직교지

거론할 수 있다. 이 7종은 모두 1989년 6월 15일 '대구광역시 유형문화재 제27호'로 지정되었다.

　추증교지 5종 중에는 탁영을 도승지(1660)와 이조판서(1830)에 증직하는 교지가 각 1점, 1835년 탁영에게 '문민文愍'이란 시호를 내린 교지 1점이 있다. 증시贈諡교지는 보기 드물게 금박을 섞어 만든 붉은 장지壯紙를 사용하였다. 나머지 2점은 1830년 재취부인 예안김씨를 정부인貞夫人에, 1834년 초취부인 단양우씨를 정부인에 증작하다는 추증교지이다.

　홀기는 자계서원의 봄·가을 향사 때 사용하던 것이다. '홀기'란 혼례나 제례 등에서 의식의 순서를 적은 글로, 행례行禮와 축문祝文은 『주자가례朱子家禮』에 준하여 기재되어 있다. 「자계서원 둔전답 경자개량등록紫溪書院屯田畓庚子改良謄錄」은 자계사紫溪祠가 1578년 자계서원으로 승격할 때 서원의 재산 목록을 정비하는 과정에서 종전의 둔전답을 개량하여 새로이 만든 등본이다. 부록에는 노비문서奴婢文書가 첨부되어 있다. 특히 이 등본은 김창윤의 『모천연보』와 더불어 자계서원의 역사와 청도지역 사회사 연구에 중요한 자료라 할 수 있다.

　그 외에도 후손들과 관련한 고문서 20여 점이 전한다. 교지 4종, 시권試券 3종, 상서上書 6종, 통문通文 2종, 서목書目 2종, 지도 1종, 축문 1종, 등장等狀 1종으로 구성되어 있다. 이 가운데 '등장'은 여러 사람이 연명聯名하여 관청에 올려 호소하는 글로, 등소_{等訴}라고도 한다. 모두 17세기 이후에 제작되었으며, 19세기 중반 이후의 것이 대다수이다.

① 교지
- 1710년(숙종 36), 김우항_{金宇杭}을 대광보국숭록대부 행의정부 우의정 겸 세자좌빈객_{大匡輔國崇祿大夫行議政府右議政兼世子左賓客}에 임명함
- 1882년(고종 19), 유학_{幼學} 김창발_{金昌潑}의 진사시_{進士試} 합격 증서임(*창발은 김창윤을 말함)
- 1882년(고종 19), 김창발을 절충장군 행용양위 부호군_{折衝將軍行龍驤衛副護軍}에 임명함
- 1882년(고종 19), 김창발의 품계를 통정대부_{通政大夫}로 승급함

② 시권
- 1848년(헌종 14), 40세 김창윤의 과거시험 답안지
- 1882년(고종 19), 74세 김창발의 진사시 답안지
- 1884년(고종 21), 76세 김창윤의 시권

③ 상서
- 1720년(숙종 46), 유생 곽홍습_{郭泓瑒} 등이 청도군수에게 자계서원의 지원을 청하는 글

- 1846년(헌종 12), 자계서원 유생들이 경상도관찰사에게 탁영의 문집 중간重刊을 청함
- 1864년(고종 1), 이정화李庭和 · 장용규蔣龍圭 · 박용덕朴龍德 등이 경상도관찰사에게 김창윤의 효성에 대한 포장襃奬을 청함
- 1867년(고종 4), 박기주朴基株 · 이구상李龜祥 · 류재만柳在萬 등이 어사御史에게 김창윤의 효성에 대한 포장을 청함
- 1892년(고종 29), 김우석金佑奭 · 김창근金昌根 · 김창진金昌鎭 등이 청도군수에게 탁영의 선영先塋에 투장偸葬한 자의 처벌을 청하는 글
- 1904년(광무 8), 박중평朴重枰 · 박경림朴瓊林 · 이석권李碩權 등이 청도군수에게 김맹金盟의 향사를 청함

④ 통문
- 1661년(헌종 2), 이광의李光義 등 21인이 삼도수군통제사에게 보낸 통문
- 1712년(숙종 38), 김대金垈 등이 김해김씨 시조묘 수로왕릉 관리를 알리는 종중 통문

⑤ 지도
- 1900년에 천안군 갈전면 병천리 도동서원道東書院 옛터 부

근을 그린 지도

고무 판화

　　종택에 소장된 문헌으로 특이한 것은 서원지書院誌나 족보를 편찬할 때 삽화로 사용한 고무 판화이다. 모두 9점이 전하는데, 「주사廚舍」, 「탁영대濯纓臺」, 「배범석탑부해출도緋帆石塔浮海出圖」, 「자영금합자천강도紫纓金榼自天降圖」, 「경주흥무왕릉도慶州興武王陵圖」, 「남계공급문민공묘도南溪公及文愍公墓圖」, 「산청왕산왕릉도山淸王山王陵圖」, 「현감공급절효선생묘도縣監公及節孝先生墓圖」와 미상 1점이다.

　　주로 자계서원의 건물과 주변 전경, 그리고 김해김씨 선조의 무덤 위치를 묘사하고 있다. 정확한 제작 시기는 알 수 없지만, 1926년에 제작된 『자계서원지』에 실려 있고, 이후 문중에서 간행하는 책자에도 유사한 판화가 수록되어 있다. 유사하기는 하나 동일하지는 않은데, 별도의 간본刊本이 제작되었는지는 확인되지 않는다.

　　판화가 족보에 수록된 것은 20세기이다. 조선 전기와 달리 조선 후기 향촌사회에서 경쟁적으로 일어나는 사회현상 중 하나가 바로 문중을 중심으로 한 조직 활동이다. 문중 활동은 향촌사회 내에서의 주도권 문제나 권위 유지, 나아가 그들의 향촌민

고무 판화 (디지털청도문화대전, 청도군, 2013)

통제수단 등과 밀접하게 관련되어 있었다. 동족마을의 형성, 문
중의 서원이나 사우 건립, 선현의 추숭 · 신원 · 정려, 파보派譜 ·
족보 · 문집 간행 등이 대표적 활동이었다. 고무 판화는 특히 일
제강점기에 문중의 위상 강화 수단으로 나타나는 현상 중 하나
였다.

제6장 결속과 화합의 의식, 제례

1. 불천위 제사

    탁영종가의 제사는 명절 차사茶祀와 기제사忌祭祀, 그리고 묘사墓祀가 있다. 명절 차사와 불천위 제사는 종택의 사당에서 지내고, 기제사는 종손이 거주하는 포항에서 지방紙榜 행사하여 지낸다. 탁영가의 불천위 제례에 대해서는 경북대학교 영남문화연구원이 『경상북도 종가문화 연구』(2010)에서 이미 일차로 정리하였다. 여기서도 선행연구에 힘입은 바가 크다.

    탁영은 유림 발의에 의한 유림불천위儒林不遷位였다가 1661년 자계서원이 사액되면서 국불천위國不遷位로 사승賜昇되었다. 탁영의 제일祭日은 음력 7월 27일이고, 두 비위妣位의 제일은 초취부인 단양우씨가 4월 17일이고, 재취부인 예안김씨가 탁영과 같은 7월 27일이다. 따라서 불천위 제사는 연중 두 번을 지내는 셈이다. 탁영가의 모든 제사는 합설을 원칙으로 하고 있다.

1) 제사 준비

불천위 제사는 종가의 형편에 따라 안채나 사랑채 대청에서 지내는 경우가 많은데, 탁영가의 불천위 제사는 부조묘에서 지낸다. 따라서 병풍을 치고 교의交椅를 준비하는 등의 번거로운 절차를 생략한다.

예전에는 종택이 있는 백곡마을에 일가들이 많아 함께 불천위 제사를 준비하였다. 그러나 현재는 대부분 도시로 이주하여 50호 남짓 남았고, 그나마도 고령高齡의 지손支孫들뿐이어서 제사를 준비하는 종부의 부담이 많아졌다고 한다. 그래도 불천위 제사는 종가로 보면 가장 큰 문중 행사인지라, 제삿날이 되면 가까운 일가의 부녀자들이 와서 손님 접대를 돕는다. 무엇보다 종손을 포함한 삼형제와 세 며느리가 종가의 일원으로서 책임감을 갖고 차분히 대사大事를 치러 내고 있다

종손 부부가 종택에 상주하지 않기 때문에 제일이 다가오면 포항에서 제수의 일부를 준비해서 가져온다고 한다. 제수 경비는 종중宗中 계회契會인 영모회永慕會에서 일괄 지원하고 있다.

불천위 제사는 묘사와 달리 대구와 종택 인근에 사는 지손들

만 참여한다. 대략 20촌 내외의 20~30여 명 정도이다. 때문에 도기到記를 쓰거나, 집사분정을 하고 별도의 제청을 마련하는 과정이 필요치 않다. 타성他姓이나 그 외 사람들은 불천위 제사가 아닌 봄·가을의 묘사에 참여한다. 이때는 대략 200여 명이나 된다고 한다.

2) 진설

탁영가의 불천위 제사는 10여 년 전만 해도 입제일入祭日 새벽 1시에 지냈다. 그러나 직장이나 생활 패턴의 변화, 그에 따른 무리한 일정으로 참사參祀한 지손들의 안전사고 등을 우려한 17대 종손이 이의 개선을 유언遺言하고 세상을 떠났다. '100일 탈상脫喪과, 기제사를 포함한 불천위 제사도 초저녁 봉제奉祭로 바꾸라' 는 것이었다. 이를 계기로 문중 논의를 거쳐 현재는 초저녁 7시 30분에 제사하고 있다. 따라서 저녁 6시 30분이 지나면 사당에 제수 진설을 시작한다.

먼저 메와 갱을 제외한 모든 제수祭需를 진설한다. 진설을 주관하는 사람은 유사有司이다. 신위 앞에서 보자면 바깥쪽에 과일부터 올리고, 다음으로 나물·포를 올린다. 그러고는 더운 음식과 어적·육적 등을 올린다. 이렇게 진설을 마친 유사가 제사의 주관자인 종손에게 알리면, 종손이 제수의 진설을 점검한다. 메와 갱은 제사를 시작하기 직전에 올린다.

탁영가 불천위 제사에는 부녀자가 사당에 출입할 수 없다. 때문에 18대 종부 김시민은 시집와서 부조묘 곁에 있는 안채에서 30년 넘게 불천위 제수를 준비했지만, 실제로 사당 안에 진설된 모습은 본 적이 없다고 한다. 덧붙이자면, 탁영가의 부녀자는 부모의 초상에도 노제路祭까지만 보고 상여가 대문을 나서면 더 이상 볼 수 없다고 한다. 묘소에 가는 일은 물론 없다고 한다.

탁영가의 제수는 특별하지 않고 일반적인 음식을 사용한다. 다만 사당제祠堂祭임에도 날고기를 쓰지 않고 제수를 모두 익혀서 올린다. 날고기를 올릴 경우 손님 접대나 음복을 위해 익힌 음식을 별도로 마련해야 하기 때문이다. 탁영가에서는 제사를 마친 후 참사자들이 모두 제수를 음복함으로써 복을 함께 나눈다. 그리고 문어 등 뼈가 없는 생선을 올리지 않는 것도 특색이라 할 수 있다.

정침正寢 제사의 경우 진설을 마치면 사당에 가서 신주를 모셔오는 출주出主 과정을 거치는데, 탁영가 불천위 제사는 사당제이기 때문에 이를 생략한다. 탁영가 부조묘에는 불천위 세 분의 신위만 봉안되어 있다. 신주는 별도의 감실이 있지 않고 교의交椅에 올려져 있다.

탁영과 두 비위의 신위가 순서대로 나란히 모셔져 있다. 불천위 고위考位에는 "贈資憲大夫吏曹判書兼經筵義禁府事弘文館

불천위 제사

불천위 제사

大提學藝文館大提學知春秋館成均館事 世孫左賓客五衛都摠府都
摠管行通訓大夫吏曹正郎 府君 神位"라고 세로로 쓰여 있다. 두
비위妣位는 "贈貞夫人丹陽禹氏神位"와 "贈貞夫人禮安金氏神位"
라고 써서 오른쪽으로 나란히 배열한다. 세 신주에는 모두 왼쪽
에 '十八代嗣孫相仁'이라 쓰여 있다.

　　7시 30분이 되면 참사자들이 모두 사당 앞에 도열해 선다.
메와 갱이 들어오고 제사가 시작된다. '진설' 과정은 종손이 차
려진 제수를 점검하는 것으로 마친다.

3) 참신례와 강신례

참신參神은 참사자가 모두 조상을 맞이하는 의식이다. 진설을 점검한 종손은 서문西門을 통해 사당 밖으로 나와 마당의 참사자와 함께 재배한다. 이어 하늘의 혼魂과 땅의 백魄을 제청祭廳으로 인도하는 강신례를 행한다. 향을 사름(焚香)으로써 하늘의 혼을 불러오고 모사기에 술을 따름(酹酒)으로써 땅의 백을 모셔오는 의식이다.

탁영가에서는 홀기笏記를 부르지 않고 집사자가 주관하여 제례를 진행한다. 마당에서 재배한 종손이 동문으로 사당에 들어가 향을 사르고, 이어 뇌주례를 행한다. 이때 종손을 뒤따라서 축관祝官과 좌우 집사執事, 헌작관獻爵官이 사당으로 들어간다. 종손이 제상 앞에 꿇어앉으면, 우집사가 종손에게 잔을 건네고 헌작관이 술을 따른다. 헌작관이 잔을 건네받아 모사기에 세 번 나누어 붓고 재배함으로써 강신례가 끝난다.

4) 헌작례

'헌작'은 잔을 올리는 의식이다. 잔은 세 번 올리는데, 순서대로 초헌初獻·아헌亞獻·종헌終獻이라 한다. 초헌관은 종손이 맡는다. 우집사가 잔을 내려서 꿇어앉은 초헌관에게 주면, 헌작관이 술을 따르고, 이를 좌집사가 받아 신위 앞에 올린다. 그리고 좌우 집사가 메와 갱의 뚜껑을 열고, 메에 숟가락을 꽂는다(揷匙). 두 비위에 대해서도 같은 예를 올린다. 이때 초헌관은 그대로 꿇어앉아 있는다. 축관이 고개 숙여 엎드린 초헌관 곁에서 축문을 읽는다. 밖에서 도열한 참사자 모두가 꿇어앉아 고개를 숙인다. 초헌관이 재배한 후 서문을 통해 제자리로 돌아간다.

아헌은 일반적으로 종부가 맡는데, 탁영가에서는 참사자 중 종중 대표나 연장자가 행한다. 이에 대해서는 정확한 연유를 알 수 없지만, 예로부터 그래 왔다고 한다. 『모천연보』에 의하면, 1879년(71세) 11월 10일 탁영의 제향 때 초취부인 단양우씨의 신주를 처음으로 봉안하였다. 이때 탁영을 봉안할 때와 마찬가지로, 초헌은 종손이 맡고, 아헌과 종헌 그리고 축관 및 여러 집사는 향원鄕員이 맡았다고 기록되어 있다. 탁영가 불천위 제례는 사당제이고, 여자는 사당에 출입할 수 없다는 전통 때문이 아니었을까 추측할 뿐이다. 종헌은 참사자 중 연장자나 귀한 손님이 맡는데, 탁영가에서도 마찬가지이다. 헌작의 과정은 초헌과 같다.

신위 앞에 올린 술을 모사기에 나누어 붓는 것을 좨주祭酒라 한다. 탁영가에서는 초헌에만 좨주를 하고, 아헌과 종헌에는 헌작만 한다. 그리고 진설 과정에서 이미 제수를 모두 올렸기 때문에 중간의 진적進炙 절차가 없다.

5) 유식과 진다례

신이 음식을 드시도록 권하는 절차를 유식이라 한다. 대개 첨작添酌과 삽시정저插匙正箸가 행해진다. 첨작은 잔에 술을 더 채우는 의식이고, 삽시정저는 밥에 숟가락을 꽂고 젓가락을 시접에 가지런히 놓는 것을 말한다.

탁영가에서는 기제사 때는 첨작을 하지만, 불천위 제사에는 첨작하지 않는다. 이는 『국조오례의國朝五禮儀』의 절차에 가깝다고 한다. 삽시정저는 초헌례에서 이미 행했기 때문에 별도로 하지 않는다. 삽시는 보통 주부가 행하는데, 탁영가에서는 집사가 행한다.

헌관이 재배하고 서문으로 나오면 좌우 집사도 뒤따라 나온다. 사당 문을 닫고, 참사자는 모두 마당에 꿇어앉아 기다린다. 1분 정도 시간이 흐르면 종손의 신호에 따라 계문啓門한다. 흔히 '삼희흠三噫歆'이라 하여, 세 번 기침 소리를 내는 것으로 유식이 끝났음을 알리는데, 이는 주로 축관이 행한다. 탁영가에서도 본래 축관이 해 왔으나, 17대 종손 때부터 '제사의 주인은 종손이고 마땅히 종손이 주관해야 한다'는 의미에서 삼희흠을 종손이 행하고 있다.

계문하고 제청으로 들어가서는 준비된 맑은 물에 밥 세 숟가락을 말아서 올리는 진다례進茶禮를 행한다. 숭늉을 다 드실 때까지 참사자들은 모두 마당에 꿇어앉아 대기한다. 종손은 사당의 좌측에서 국궁하고, 집사자가 사당에 들어가 숟가락을 걷고 메 뚜껑을 닫는다.

6) 사신례

제례가 끝났다는 의미로 '이성利成을 고하는' 절차이다. 탁영가에서는 이를 행하지 않고, 참사자 중 집례가 맨 우측 첫 열에서 사신의 절차를 지시한다. 집례의 창홀에 따라 참사자 전원이 마당에서 재배한다.

사신례가 끝나면 헌관과 유사가 사당에 들어가 음복하고 합독合櫝한다. 축문을 태우고 철시하면 그때서야 참사자들도 음복한다. 제사 음식은 참사자뿐만 아니라 마을 사람들에게도 나누어 음복한다.

2. 탁영가 제례의 특징들

　　불천위 제사에서도 알 수 있듯, 탁영가 제사는 그들만의 특징을 많이 지니고 있다. 현재 시행되고 있는 제례를 중심으로 살펴본다.

　　탁영가에서는 특히 묘사墓祀를 중요시한다. 종가의 묘제는 추향秋享만 하는 경우가 대부분인데, 탁영의 묘제는 근년까지 봄·가을로 연중 2회를 진행해 왔다. 그중 봄 묘제는 청도향교를 비롯한 지역 유림이 주관하였고, 대개 타성他姓 등 150~200여 명이 참석하였다. 그러나 여러 가지 경제적 여건의 어려움으로 인해 유림 묘제는 2010년 이후로 행하지 않고 있다. 가을 묘제는 본손本孫이 주관하여 치른다.

탁영가는 삼현파 문중이므로 묘제 때도 삼현을 함께 제사한다. 먼저 김해에서 시조묘始祖墓에 행하는 대제大祭를 지내고, 중시조 관瞽의 묘제를 지내고, 다음으로 삼현을 제사 지낸다. 삼현도 조부 절효공, 탁영, 삼족당 순으로 묘제를 지낸다.

본래 음력 10월 중정中丁이 탁영의 묘제일이지만, 이 날짜가 김해 대제나 중시조 묘제 일정 등과 겹쳐져 묘제에 차질이 빚어졌다. 문중 회의를 통한 날짜 조정이 불가피하였다. 그런데 삼현을 모셔야 하고, 또 삼현이 '조부·손자·조카'의 관계이다 보니, 제일祭日을 정하는 것이 쉽지 않았다. 예컨대 후손들이 삼현의 제일에 모두 참석할 수 있는 길일吉日 셋을 잡는 것도 쉽지 않았고, 또 탁영이 불천위라 하여 조부를 제치고 탁영 중심으로 일자를 잡을 수도 없었다.

무엇보다 탁영가의 가을 묘제는 전국에 살고 있는 지손들이 한자리에 모여 화합하는 연중 유일唯一의 날이기 때문에 보다 많은 사람이 참석할 수 있는 합리적인 방안이 절실하였다. 결국 음력 10월이 되면 이유 여하를 불문하고 이틀 간격으로 순서대로 정하여, 5일은 절효공의 제일로, 7일은 탁영의 제일로, 그리고 9일은 삼족당의 묘제일로 결정하여 제사 지내고 있다. 5년쯤 전의 일이다. 삼현파 문중인 탁영가만의 독특한 사례라 할 수 있겠다.

요즘은 문중의 젊은 사람들이 주말과 휴일을 이용한 묘제를 요구하는 추세이다. 문중에서도 이런 방안을 적극 고려하고 있다. 집안의 묘제는 젊은 사람들이 많이 참석해야 지속 가능할 수 있기 때문이다. 그러나 이 또한 쉬운 결정은 아니라고 한다. 예를 들어 탁영의 묘제일을 주말이나 휴일로 정하게 되면, 조부인 절효공의 제일이 평일인데, 조부를 제쳐 두고 손자를 중심으로 날을 잡는 것은 잘못이라는 생각에서이다.

대부분의 종가나 문중에서 묘제의 편의를 위해 선조의 산소를 한곳으로 모으는 작업이 한창이다. 그러나 탁영가에서는 그럴 생각이 전혀 없다고 한다. 묘제는 아직까지 정성껏 음식을 준비해서 산소마다 제사하고 있다. 탁영의 묘제가 있는 그 주週 일요일 아침 8시가 되면 전국 각지의 후손들이 모두 종택에 모인다. 9시가 지나면 각자 종택에 준비된 제수를 받아서 조상의 산소가 있는 여러 산으로 흩어져서 묘사를 모시고는 오후 3~4시쯤 다시 모인다. 그리고 종가에서 다 같이 해산하여 귀가한다고 한다. 이때의 제수는 각 집안에서 돌아가면서 맡아 준비하고 있다. 묘제에 들이는 정성이 놀랍기만 하다.

기제는 종손이 거주하는 포항에서 지방紙榜 행사한다. 불천위 제사에는 신위에 사후의 증직贈職을 쓰지만, 기제나 묘제 때는 지방에 생전의 벼슬을 기록한다. 이 또한 그 이유를 정확히 알지 못하고, 윗대부터 그렇게 해 왔다고 한다.

시대 변화에 따라 문중의 제례 방식도 변화하는 것이 마땅하다. 그렇게 해야만 종가의 제례 전통이 지속될 수 있다. 기제는 4

대봉사가 원칙이나 지금은 양대봉사하고 있다. 시대변화에 따른 제례 변천 또한 탁영의 '외금내고' 정신을 계승한다고 여긴 17대 종손의 유지遺志를 따른 것이다. 시간도 새벽 제사에서 초저녁 8시로 바꾸어 모시고 있다. 고위와 비위를 따로 제사하기 때문에 연중 4차례를 모신다.

명절 차사의 경우, 대구와 청도에 사는 일가들이 모두 명절날 아침 종가의 부조묘에 모여 함께 제사를 모신다. 대략 80여 명의 일가가 모인다. 시간은 아침 8시로 정해 놓았다. 7시쯤 종가에 모여 8시 전후로 차례를 모시고 난 후, 각자 집으로 돌아가 제사를 모신다. 이는 선대로부터 내려온 의식인데, 아직까지 지켜 가고 있다.

이전에는 종가와 자계서원, 탁영의 산소 아래에 있는 영모재에 각각 고지기가 있었다. 명절 차사가 되면 이들 세 사람이 일손을 거들어 주었으나, 현재는 종손의 삼형제 내외가 도와서 그 많은 손님을 치른다고 한다.

시제時祭로는 여태 동지제冬至祭를 지내고 있다. 근년까지만해도 한식이나 단오 등을 다 챙겼었는데, 선고의 유언에 따라 지금은 동지 차례만 지낸다. 동지제는 집안의 액운을 막아 준다고 믿고 있으며, 식구끼리만 팥죽을 쑤어 잔을 올린다고 한다. 종택 사당에 와서 지내는 것이 원칙이고, 부득이한 경우에는 포항 집에서 지낸다. 동짓날 아침 8시쯤 제를 올린다.

    탁영가의 모든 제사는 합설을 원칙으로 한다. 종손 김상인은 오래 전부터 불천위 종가의 종손 모임에 참여하고, 또 종손으로서의 막중한 책임을 다하기 위해 제례 등 다양한 전통문화를 지속적으로 공부하고 있다. 그에 의하면, 대개 점필재 문하의 후손가後孫家에서는 합설을 한다고 전하였다. 이는 절대 원칙이라기보다 종손이 내린 추론일 뿐이라 덧붙이기도 하였다. 아직 하나의 학설로 고착화되지 않았던 초기 사림의 유연한 사고思考를 후손들이 계승하려 노력하는 것이 아닐까도 생각하게 된다.

    탁영가의 종손은 여느 종가의 종손보다 몇 배나 바쁜 삶을 살고 있다. 불천위 제사를 비롯하여 삼현의 묘제, 김해 대제, 중시조 묘제는 물론이고, 무오사화 때 유배 가서 세거하게 된 남원 종중의 종사宗事 및 사동서원社洞書院 춘추春秋 향사에도 참석해야 한다. 그뿐인가. 자계서원의 봄·가을 향사享祀가 보존회를 주축으로 하는 유림향사儒林享祀라 하더라도, 자계서원에 삼현이 봉안되어 있으니 각종 행사며 제사에도 참석해야 한다. 탁영가의 종손으로서 타 문중 행사 참여 등 외적인 용무 또한 얼마나 많겠는가. 해마다 10~11월이 되면 하루가 멀다 하고 이 산 저 산으로 묘소를 찾아가 제사하는 것이 일이라고 한다.

제7장 종손에게 듣다, 탁영가의 미래

1. 종손과 종부로 살아가기

선친께서 늘 이런 말씀을 하셨습니다. 불천위 종손은 내가 하고 싶어 하는 것이 아니라 하늘이 점지해 주는 것이라구요. 하늘의 뜻을 어찌 어길 수 있겠습니까? 그래서 저도 긍정적으로 받아들이고 있습니다.

탁영가를 지키는 18대 종손 김상인金相仁(49년생)의 말이다. 그는 1999년 선친이 세상을 떠난 후 올해로 15년째 종손의 자리를 지키고 있다. 대한민국의 여느 종가가 그렇지 않겠는가마는, 탁영가는 유독 역사 속 굴곡이 많았다. 그만큼 영예도 높았던 문중이다. 때문에 문중 건사를 위한 종손과 종부의 희생과 고통이 특히나 남달랐음을 새삼 느끼게 된다.

생각을 바꾸었다고 현실도 달라질까. 하늘의 뜻으로 종손이 되었고 운명으로 받아들여 기꺼이 종손으로 살고 있지만, 하루에도 몇 번이나 그 버거움에 괴로울 것이다. 더구나 '탁영 김일손'을 불천위로 모시는 종가가 아니던가. 그 '이름'을 입에 올리는 것만으로도 목덜미가 뻐근하고 머리끝이 쭈뼛거리는 그 중압감을 종손과 종부는 평생 감내하며 살아가고 있다.

종손 김상인은 3남 3녀 중 맏이로, 어려서부터 선친께 종손교육을 받았다. 교육자였던 선친의 뜻을 받들어 그 역시 현재 포항의 대학에서 후학을 가르치고 있다. 어머니는 진성이씨眞成李氏 안동 퇴계가退溪家의 후손이다. 외조부는 이황李滉(1501~1570)의 14대손이자 독립운동가 이원기李源祺(1899~1942)이다. 외가는 외조부를 비롯해 두 외숙인 이원록李源祿(1904~1944)·이원유李源裕가 함께 정의부正義府·군정서軍政署·의열단義烈團에 입단하여 활발한 독립운동을 전개한 전형적인 독립운동가 문중이다. 이원록은 바로 우리에게 익히 알려져 있는 이육사李陸史이다.

17대 종손은 예외가 없을 정도로 원칙주의자였고, 성품이 철두철미했다고 한다. 또한 효성이 지극하였다.

양자 오셨는데, 서른여섯 살 때 청도의 민선교육감을 하셨어요. 일찍부터 교육계에 계셨는데, 할아버지도 교육위원을 하셨는데 옆에 계셨어요. 아침저녁으로 매일 문안 가시고, 청도 교육청에 다니셨는데 여기서 한 8킬로 정도 됩니다. 아무리 밤 늦게 오더라도 꼭 문안 가시고, 또 할아버지가 늦게까지 안 오 시면 한내걸에 나가서 기다리시는 거예요. 지금도 그 모습이 눈에 선합니다.

이는 효孝를 중시하는 선친의 무언無言의 가르침이었다. 선 친의 그런 모습을 보고 자란 종손도 늘 자식들과 후학에게 효를 강조하였다.

사람의 기본은 효거든요. 부모는 자식한테 사랑하는 것이 우 선이고, 자식은 부모한테 효를 해야만 가족이 화목해져요. 그 러니까 물질이 풍부하다고 해서 반드시 행복하다고는 생각하 지 않아요. 그리고 중요한 것은 서로 간에 마음이 통하면 남녀 노소를 막론하고 만나면 행복하다고 생각해요. 부모의 사랑은 희생이고 봉사입니다. 자식 또는 어른이 되면 부모의 은혜를 잊지 않고 감사하는 마음으로 사랑으로 효를 다하는 것이 인 간의 참 도리가 아닌가 생각합니다.

부모 자식 간의 효를 강조하는 것은 새삼스러울 것도 없다. 그러나 대를 이어 집안에 내려오는 이러한 효 사상은 종손에 의

해 선조 봉양을 넘어 문중 현양顯揚, 나아가 불천위 종가의 위상을 강화하고 발전시키는 바탕이 되고 있다.

저는 어떤 생각을 갖나 하면 '부모한테 잘하는 것은 작은 효이고, 조상과 문중과 나라를 위해서 하는 일은 큰 효다. 내 한 몸으로 작은 효를 하는 것도 중요하지만, 운명이 불천위 종손이라, 나는 문중이라든가 나라를 위해 큰일을 해야 한다', 저는 그런 생각이에요. 내 부모한테 내가 뭐 주일마다 매일 찾아가고 반찬 만들어 가고, 이런 것도 중요하겠지만, 자식으로서 나는 운명이 이 불천위 종손으로 태어났기 때문에, 문중이라든지 나라를 위해서 뭔가를 개화시키고 우리 문중이 잘되는 것이, 나는 내가 해야 할 일이라고 저는 지금도 그래 생각하고 있어요. 이것이 바로 탁영선생의 '외금내고' 정신이에요.

종손은 인터뷰 내내 탁영의 '외금내고'를 수없이 강조하였다. 이것이 바로 탁영의 가르침이고, 후손들이 지켜 나가야 할 탁영가의 정신이라고 누차 언급하였다.

탁영선생이 말씀하셨다시피 '외금내고', 시대에 맞게끔 살아야 된다. 우리가 지금 갓 쓰고 안 다니잖아요. 이 종가의 기본적인 정신은 그대로 이어받아야 되겠지만, 형식은 좀 바뀌야 된다. 첫째는 선비정신하고 예법문화. 요새 청문회에서도 그렇고, 고위 관료들 보면 돈에만 너무 집착하고 물욕은 많지만 정신은 많이 병들고 있잖아요. 그래서 저는 선비정신이 바로 '도덕 재무장 운동'이라고 생각합니다. 그러니까 이런 것(정신)이 있으면 서로 간에 갈등도 없고 좋은 사회가 안 되겠나. 그리고 예절도 보면 요즘 학생들 너무 매너가 없어요. 상하도 없고. 우리가 늘 동방예의지국이라 하지만 지금은 이렇게 말하기가 좀 부끄럽거든요. 그래서 종가가 해야 할 첫째 덕목이 선비정신하고 예법문화다. 여기서 각 문중별로 이것을 점점 확대해 나가면 국가나 지역이 좀 더 좋은 문화를 만들 수 있지 않나, 그러면서 삶이 좀 더 평화롭고 자유스럽다 그런 생각을 하고. 그리고 우리 애들한테도 저는 항상 강조하지요. 이 선비정신과 예법은 돈 드는 거 아니잖아요. 그래서 애들이 항상 오랜만에 오면 반드시 절하라 그래요. '네가 처가에 가더라도 반드시 절을 해라. 네가 불천위 차종손인데 그것은 해야 된다.' 저는 지금도 며느리가 오면 어떤 때는 귀찮을 때도 있지만, 정장을 바로 입고 절을 받습니다. 그것을 습관화시켜야 됩니다. 마음은 옛것을 생각하되 지금 시대에 맞게끔 모든 것을 해야 된다. 그래야만이 이 종가가 오래 유지될 수 있다는 것이 저의 생각이고, 또 탁영선생의 생각이신 것 같아요.

종손의 문중 활동은 선친이 살아계실 때 보고 듣고 경험한 바를 실천하는 것이라고 한다. 선친은 조상을 섬기고 문중 일을 하는 것을 천직天職으로 여겼다. 평생 주머니에 두통약을 지니고 다니면서 문중 일을 했다고 한다.

교육자니까 월급이 적었잖아요. 월급을 받아오시면 제일 먼저 하는 것이 제수비를 뗐어요. 월급을 저희들한테도 어머님한테 도 보여 줘요. 그때는 아버님이 양자 오셨기 때문에 생가와 종 가에 제사가 굉장히 많았어요. 우리만 해도 4대봉제사가 열 번 이 넘고, 불천위 제사까지 한 스무 번 정도 되었어요. 한 달에 한두 번씩, 어떤 때는 삼일 연장 있었던 날도 있었어요. 그다음 우리가 6남맨데, 애들 잡비와 학비 주고, 시골에 있으니까 어 머니한테는 거의 생활비를 안 주시고, 뒤에 채소밭에 이렇게 가꾸어서 그렇게 주로 생활하시고. 없어도 소신 있게 사셨던 그런 모습이 기억납니다.

문중 활동에 열성적인 선친의 영향으로 종손도 지금은 월급 을 받으면 10퍼센트를 먼저 떼어 저축한다. 대개 종손이라 하여 대외활동비나 관리비 등을 별도로 지원받지는 않는다. 그렇다고 종손도 생활인이니 문중 일에만 매달릴 수도 없다. 때문에 적더 라도 내가 번 내 수입으로 자유로이 문중 활동을 할 수 있는 것이

종손과 종부

행복하다고 말한다.

그런 종손에게 '종손으로서의 보람은 무엇' 인지를 물었다.

대통령이 바뀌면 '대통령이 뭐를 했는가, 국민들에게 무엇을 도와줬는가' 이런 것을 많이 생각하잖아요. 그래서 제가 종손이 되었을 때 이 종택이 사실은 임진왜란 때 소실되어서 보시다시피 건물이 오래 안 돼서 문화재가 안 됐어요. 신청해도 잘안 되더라고요. 그래서 청도군하고 경상북도에 부탁을 해서

'우리 집보다 못한 집도 되는데, 왜 안 되느냐.' 제가 건의를 했어요. 군하고 도에서 기념물로 심의를 해 보겠다. 그래서 2008년도에 우리 종택이 기념물 161호로 지정을 받았어요. 그것이 제일 보람 있는 일이고, 그 후 전국에 있는 우리 종친들이 다 참여할 수 있는 탁영선생숭모사업회를 만들었습니다. 그 기금으로 『탁영선생문집』과 『도연선생문집』을 번역하여 출간하였고, 또 어렵게 어렵게 종택 옆에 땅을 매입했어요. 종택 터가 나중에라도 다른 사람 손에 넘어갈까 봐서. 그것이 제일 보람된 일입니다.

18대 종부 김시민(55년생)은 2남 6녀 중 셋째로, 안동 내앞의 의성김씨義城金氏 귀봉가龜峯家의 후손이다. 밝고 긍정적인 성품으로 탁영가의 그 큰살림을 꾸려 가고 있다. 종부는 시아버지의 간택이었다고 한다.

저희 아버님은 양반을 참 좋아하셨어요. 저희가 불천위 종택이다 보니까, '혼인은 꼭 양반집 규수하고 해야 한다.' 저희 큰외삼촌이 대학 교수로 있었어요. 제가 고등학교 때는 큰외삼촌 댁에 있었는데, 그분이 이육사 장조카거든요. 지금 저희 집사람 큰언니가 큰외삼촌의 처남댁이에요. 그래서 큰외가에서 '처남댁 집안에 좋은 규수가 있다'고 하는 소문을 듣고 아버

님이 그 외가 쪽이니까 아버님도 거기 좀 계셨어요. 대구시립
도서관 관장하실 때 삼덕동에. 그래서 그 연줄로 혼사가 이루
어졌어요.

종손의 말이다. 외가 쪽의 인연으로 어른들이 혼인을 결정
했지만, 만나 보니 종부도 종손의 사람됨이 마음에 들었다고 한
다. 시골 생활이라곤 해 본 적이 없고, 더구나 불천위 종가에 대
해서는 전혀 알지 못했던 스물세 살의 젊은 처자였다. 경찰서장
을 지낸 아버지는 무척 엄하셨다. '천생 여자'였던 어머니는 풍
양조씨이고, 외숙모는 안동권씨 후예인데, 두 분 모두 안동에서
자랐다. 혼사가 결정되고 난 후 두 분의 걱정이 태산이었다고 한
다. "니가 종가가 어떤 덴지 알고 시집을 갈라카노?"
　처음 시집와서 맞이한 건 5월 29일 단양우씨 불천위 제사
였다.

제가 종가가 어떤 덴지, 어떤 생활을 하는지, 제사 풍습이 어떤
지 제가 한 번도 본 적이 없거든요. 정말 무식이 용감이라고.
그랬는데, 시집에서 아버님이 정말로 저를 며느리로 삼고 싶
어하셨어요. 그때는 나이도 어리고 하니까 가면 다 되겠지. 아
무것도 모르니까 걱정도 안 됐어요. 근데 시집와서 얼마 안 돼
서 불천위 제사가 있었어요. 처음으로 보는 광경인데, 그때는

이 동네에 노인분들도 굉장히 많이 계셨거든요. 지금은 다 돌아가셔서 안 계시지만. 한복 차림에 도포 입은 분들이 끝도 없이 들어오시는 거예요. 제가 서서 구경만 하는 데도 얼굴이 퉁퉁 부었었어요. 큰일 났다 싶은 생각뿐이었지요.

충격은 일 년에 스무 번 가까운 제사만이 아니었다. 아직 미성가未成家한 육남매에, 시부모 내외, 시조모까지 층층시하였다. 그러나 시아버지의 절대적 사랑과 시어머니의 말 없는 종부 교육 속에서 하나씩 배워 나갔다.

시어머님이 말씀하셨던 것은 '종가의 사람이 되면 모든 사람을 품고, 집에 오시는 분들한테 대접할 게 없으면 찬물이라도 대접해서 보내라. 종가문화가 그렇다'는 식으로 말씀을 하셨어요. 시어머님도 항상 조상 모시는 것에 대해 신경 쓰시고, 다른 어머니들과 똑같으시죠. 자식 뒷바라지하는 거, 남편 보필하는 거, 저 보고 항상 그러셨거든요. '시골 갈 때 비서로 종손을 따라다녀야 되는 게 종부다.' 그리고 항상 알뜰하시고. 검소하고. '내가 아껴 쓰고 남한테는 잘하고, 나는 좀 못한 것 먹더라도 손님한테는 좋은 것 대접해라.' 우리 아저씨(종손) 클 때부터 듣고 자란 이야기라고 해요.

이렇게 종가의 사람이 되어 살아온 지도 벌써 30년을 넘어서고 있다. 시어머니의 가르침대로 종가문화를 지키고 종손을 보필하는 것으로 살아온 세월이다. 종부에게도 역시 가장 보람을 느낄 때가 언제인지를 물었다. 의외로 소박한 대답이 돌아왔다. 그녀는 '천생 종부' 였다.

보람이라면, 큰 행사 끝나고 나면 모든 분들이 '수고했다, 고생 많았다' 그런 말씀 해 주실 때가 조금 그렇지요. 또 한 가지 뿌듯할 때는 제사 장을 봐서 음식을 해서 상을 차려 놓고 보면 고생한 보람을 느낄 때가 있었어요. 제가 불천위 제사 지낼 때 사당에 갈 일은 없어요. 근데 얼마 전 제사 모시기 전에 우연히 가게 돼서 그것도 사당 밖에서 안에 제상 차려진 거를 보면서 '아, 이렇게 차려 놓으니까 괜찮구나.' 그럴 때 '아, 고생한 보람이 있구나.' 느낄 때가 있어요.

종손과 종부는 1남 2녀를 두고 있다. 종손은 삼형제이지만, 차종손은 외아들이다. 그것도 현재 모 대기업 전자회사에 다니고 있는데, 일 년에 절반 이상은 외국에서 생활하고 있다. 차종손이라는 이유로 아들의 혼사를 무척이나 걱정했지만, 다행히 총명한 며느리를 얻었다. 손자도 얻었다. 그럼에도 불구하고 종부는 걱정이 태산이다.

문: 종가를 이어 갈 며느리에게 어떤 말씀을 해 주시는지요?

답(종부): 아직까지 구체적으로 이야기하지는 않았어요. 걔들도 직장생활 어렵거든요. 그 아이도 서울에 회계법인에 다니는데, 여자로서 회계사 시험 되는 것도 쉽지 않잖아요. 아직까지 특별한 이야기는 안 했는데, 우리 아들도 모 전자회사 연구원이거든요. 근데 항상 미국 출장이 많아서 지금도 미국에 있어요. 애 낳을 때도 없었고, 애 백일 다 되어 가는데 이제 와요. 일 년에 한국에 있는 시간보다 미국 있는 시간이 더 많으니까. 제가 제사문화라든가 이걸 생각을 많이 해 봤는데, 아들하고 며느리가 운명적으로 이렇게(종손과 종부가) 됐으니까 안 할 수는 없고, 너무 잘하려고 하면 못해요. 잘할 수도 없고. 그리고 요즘은 우리 세대처럼 '여자는 집에서 살림만 살아라' 이런 시절은 아니거든요. 요즘 애들은 학벌도 좋고 저런 전문직을 그만둘 수도 없어요. 그래서 제가 차종부한테 해 주고 싶은 얘기는 '쉽게 하고, 성의껏 간단하게 하고, 오래 이어 가는 게 중요하다.' 그게 맞잖아요. 올 사람도 없는데, 음식을 많이 하고 그거 누가 다 먹어요. 우리 때와 시대가 너무 달라서, 종택문화가 고풍을 다 이어 간다는 게 아랫대에서는 힘들지

않을까요. 그런 생각이 들어요. 너무 어깨를 무겁게
해 주고 싶지는 않아요. 현재 종손도 아들한테 힘을
덜어 주기 위해 개혁을 많이 하려고 해요. 아빠(종손)
는 시골에서 생활을 해 봤지만, 아들은 그렇게 안 해
봤는데 이걸 하라는 거는 무리거든요. 아무리 운명
적으로 종손으로 태어났다고 하지만.

문: 차종부에게 꼭 가르쳐 주고 싶은 것은 무엇인지요?
답(종부): 꼭 가르쳐 주고 싶은 것은 그래도 종택문화를 실천
은 다 못하더라도 알기는 알아야 되니까 그거는 가
르쳐 줘야 될 것 같고. 이걸 힘들고 귀찮다고 제사를
걸러서(빠뜨려서)는 안 되고, 간단하게 하더라도 이
어 가기는 이어 가야 된다. 저도 걱정은 됩니다. 손
자 대에는 어떻게 될지.

2. 지속 가능한 종가의 미래, 외금내고

　　17대 종손이 세상을 떠나면서 세 가지를 유언하였다. "초상에는 백일 만에 탈상하고, 모든 제사는 초저녁제로 바꿔라. 그리고 내가 죽거든 화장火葬을 해라." 종손의 유지遺志인지라 문중 논의를 거쳐 앞의 두 가지는 관철되었다. 그러나 화장 문제는 논란이 많았다. '불천위 종손을 감히 화장할 수 있나?'가 관건이었고, 결국 생장生葬을 했다고 한다.

　　종손은 이런 것이야말로 탁영의 '외금내고' 정신의 실천이라고 힘주어 말한다. 종손이 지켜 본 선친은 언제나 '외금내고'의 현실적 실천에 대해 고민했다고 한다. 그것은 이제 종손의 몫이다. 어떻게 하면 이 종가가 또는 종가문화가 미래에도 지속 가

능할 수 있을까. 그 대안은 무엇인가. 종손의 목소리를 통해 들어
본다.

문: 앞으로 이 종가가 어떻게 유지되고 발전되기를 바라시는
　　지요?
답: 탁영선생이 말씀하셨다시피 '외금내고', 시대에 맞게끔 살
　　아야 되지요. 종가에서 제일 어려운 것이 제례 음식이에
　　요. 옛날에는 못 사는 시대라서 음복을 많이 해야 되기 때
　　문에 이 동네 60호가 다 음복을 해야 되는데, 지금은 동네
　　에 갖다 드리면 가져오지 말라고 합니다. 너무 어려우니
　　까, 수고스럽고 할 사람도 없으니까. 그러면 마을회관에
　　한꺼번에 갖다 주면 자시겠다 해서 우리가 마을회관에 갖
　　다 드립니다. 이것도 하나의 문화의 차인데, 음식을 하는
　　것도 힘들고 돈도 많이 드는데, 요새는 제사 음식 안 먹는
　　분도 계시거든요. 그래서 저는 이런 것을 조금 간소화시켜
　　야 한다. 이건 전부 여자 분이 하셔야 하기 때문에 힘들거
　　든요. 제례 음식이 일반 음식하고 달라서 하기가 힘들어
　　요. 그래서 이런 것은 좀 극복해야 되겠다.
　　또 한 가지는 종가의 의복인데, 제가 알기로는 옛날에는 모
　　시라든지 삼베옷, 다른 문헌에 보니까 옛날에는 삼베옷이
　　제일 쌌어요. 그러니까 상복을 삼베옷으로 입는 거예요. 지

금은 삼베옷이 굉장히 비쌉니다. 삼베옷 도포 하나에 백만 원입니다. 이런 것을 시대에 맞게끔, 전통적으로 내려오는 경우에는 어쩔 수 없겠지만, 일반 사사로운 때는 가장 검소한 옷으로, 그러나 깨끗하고 단정하게 넥타이 매고. 요런 것도 시대에 맞게끔 검토할 필요가 있다. 그러나 전통 불천위 제례라든지 이런 것은 전통 자체가 중요한 것이기 때문에 그것은 그렇게 하더라도 일반적인 것은 한번 생각해 보는 것도 괜찮다 이런 생각이 들지요.

문: 앞으로 종가문화가 어떤 식으로 계승되기를 바라시는지요, 종손으로서 소망이 있으신지요?

답: 사실 70~80대 어르신들은 뿌리에 대한 관심이 있는 분이 많거든요. 오늘도 자계서원보존회에 갔는데 주로 객지에서 70대, 80대 분이 많이 오셨는데, 근데 지금 젊은 세대들은 뿌리에 대한 생각이 없어요. 그래서 이 일을 종가라든지 큰 집안에서 다 해야 되는 그런 일이 참 많아요. 이런 것을 종손하고 종부가 지키기에는 현실적으로 너무 어렵기 때문에 이 문화를 시대에 맞게끔 간소화할 것은 간소화시키고 근본정신은 그대로 전수되어야 되고. 음식문화 이런 것만 조금 간소화시키면 안 되겠나, 저는 이렇게 생각해요.
진정한 전통이란 어느 시대든지 살아가야 된다. 그 전통이

죽어 버리면 진정한 전통이라 말할 수 있는가? 탁영선생이 말씀했다시피 외금내고, 시대에 맞는 사고로 이 종가문화도 변화해 주어야만이 그 시대의 사람들도 그 선비를 추앙하고 그 문화를 따르지, 그 시대 사람하고 동떨어져 버리면 어렵지 않겠나. 그래서 선비는 앞서가야 된다. 다른 사람을 계몽하고 앞서가는 선구자가 되어야 되는 것이 진정한 선비다. 저는 개인적으로 그렇게 생각합니다. 그래서 이 종가문화도 정신과 예법을 지키면서 불필요한 음식문화를 개선해 나가면 여기에 동참하는 사람도 많아지고.

지금 정부에서도 옛날 선비문화라든지, 안동에 엘리자베스 2세 같은 분이 충효당忠孝堂에 오신 것도 지금 전 세계적으로 효라든지 도덕이 무너지고 있잖아요. 안동 국학진흥원에 공자孔子 직계자손이 왔는데, 중국에서는 제사를 안 지내는데 한국에서는 중국에서 내려온 이런 사상이 불천위 종가를 통해서 400년, 500년 지키고 있는 것을 보고 놀랐다는 거예요. 저희 종가도 거의 400년이 넘었거든요. 임진왜란, 한일합방, 6·25전쟁 많이 겪었는데, 그렇다고 누가 돈 보태 준 것도 아니잖아요, 후손들끼리 이런 불천위 사당을 짓고, 한 나라도 500년 된 나라가 잘 없는데, 일개 문중이 선조를 위해 하는 것은 대단하다고 생각해요. 저희 문중뿐 아니라 불천위 종가는. 그러니까 안 먹고 안

입고 모든 것은 조상을 중심으로 그 정신은 꼭 받들어야 됩니다. 그래야만이 우리가 자식 간의 갈등, 형제간의 갈등, 이웃 간의 갈등이 안 줄어지겠나, 저는 그렇게 생각합니다.

문: 현대의 삶과 종가문화가 공존할 수 있는 방안이 있을지요?

답: 사실 종가라든지 불천위 사낭을 유시하기 위해서는 돈이 많이 들어요. 저도 포항에서 오는데, 여기 한 번 오는데 교통비만 7만원이에요. 대부분 불천위 종손들이 종가에 계시는 분도 있지만, 거의 80~90퍼센트는 딴 데 있어요. 먹고 살아야 되니까, 자기도 생활인이기 때문에. 옛날에는 후손들이 돈 많은 데서는 종손한테 돈을 주고, 지금도 예를 들어 양동에 회재晦齋선생 집안은 문중에서 종손한테 생활비를 다 주거든요. 그러면 지킬 수 있는데, 저희 같은 집안에서는 돈도 없고 해서, 제가 먹고 생활하고 이 사당도 지키고 제수도 제가 해야 되기 때문에 이것만 지키고 할 수 없는 거에요. 그래서 종손 개인의 능력만으로 지키기에는 너무 벅차다. 손님도 옛날보다 더 많이 찾아오기 때문에, 저는 이런 좋은 문화를 지키기 위해서는 그 지역에 있는 향교라든지 문화원이라든지 그다음 군郡이라든지 이런 데서 이 문화를 같이 즐길 수 있는 재정적 지원도 하면 오랫동안 지

탱이 안 되겠나 생각합니다.

〈관에 요청하고 싶은 것은 어떤 게 있으신지요?〉

근본적으로 불천위 종가를 유지 관리할 수 있는 정례적인 시스템입니다. 순간적으로 하는 것보다는 지속적으로 시 군市郡에, 예를 들어 주요 유교문화가 있으면 우선순위를 정해서 이런 데 손님들 많이 오면, 예를 들어 마당도 그래 요. 요즘 근로 노동하는 것도 있잖아요. 딴 데 길 헤집게 하지 말고 이런 데도 좀 해 주고 해야 되는데 그런 걸 안 해 주거든요. 그러니까 저희들은 돈을 좀 주고 옆에 계신 분 들이 관리하는데, 요즘 농번기라서 자기들도 굉장히 바빠 요. 부부 간에 계속 들에 나가시기 때문에, 저희들은 오면 옷 벗어 놓고 작업복 입고 일하러 다닙니다. 저희들은 한 달에 두세 번 정도 오는데, 오면 마당에 풀 뽑고 뒷밭에 물 주고 이런 것을 해야 돼요. 그러니까 그런 것을 개인적인 것보다도 손님들도 많이 오니까 좀 지원이 필요해요.

문: 앞으로 젊은 세대가 종가문화에 관심을 가지고 이해하는 데 도움을 줄 수 있는 방법이 있을지요?

답: 옛날을 생각해 보면, 저는 이서초등학교를 나왔는데, 소풍 갈 때 서원에 많이 갔어요. 요기 유등연지에도 가고, 거기 가서 보물찾기 하고 글짓기하고 거기서 많이 놀았어요. 그

러니까 어릴 때부터 서원에 많이 다녔어요. 지금도 저는 생각이 유치원이나 초등학생들을 서원 같은 데 가서 글짓기하고 보물찾기 하고, 나이에, 또래에 맞게끔 인사하는 법을 가르친다든지 놀이문화를 가르친다든지 절하는 법을 가르친다든지, 이렇게 하면 얼마든지 할 수 있는데 그런 것을 안 하는 거예요. 누가 주최하는 사람이 없으니까.

예를 들어서 학교에서 가면은 문화원이라든지 향교라든지 교육청이 그런 데에 가게끔 많이 해야 되는데, 국학진흥원이라든지 일부만 하니까 그것이 전체의 기관과 링크가 안 되니까 따로따로 돼요. 그러면 예를 들어 뿌리찾기운동, 그러면 청도 같으면 김해김씨, 밀양박씨, 고성이씨 많이 살거든요. 그러면서 가 보는 거예요. 거기 선조가 있으면 벼슬은 뭘 했고, 그분이 우리 지역을 위해서 좋은 일 했나, 이런 일을 해서 옛날 선대하고 후대들이 아주 가깝게 통할 수 있는 그런 걸 해야 되는데, 그냥 필요하면 했다가 다음에는 없애고 이런 거는 안 된다는 거예요. 초등학교 때부터 그 지역에 맞는, 나이에 맞는 그런 것을 각 지방자치단체별로 한두 개 해야 돼요. 저는 항상 군수郡守한테 그래요. '우리 서원 마음대로 쓰라. 이거 내 서원 아니다. 군비도 지원받고 도비도 지원받으니까. 단, 화재 안 나게 하고 관리만 해 주면 얼마든지 허용한다.' 그래야만 그 선비의 얼이 아 ·

랫대로 퍼지고 그 사상이 퍼지는 것이지, 저만 해서 무슨 의미가 있겠습니까.

그런데 지금은 전혀 그런 걸 하려고 안 해요. 학교에서 도덕교육 하려면 서원에 먼저 와야 돼요. 놀이터에서 도덕교육 되겠습니까? 안 되는 거지요. 그런 게임을 얼마든지 할 수 있어요. 예를 들어 맞추기, 나이에 맞게끔, 얼마든지 그런 문제를 내어서 애들한테 흥미를 줄 수 있는데, 이런 거를 안 한다는 거지요. 이걸 꼭 해야 애들이 어릴 때부터 마음이 순화되고, 놀이터 가는 문화하고 서원 가고 종택 오는 문화가 생각이 다르잖아요. 어릴 때부터 그런 정신 상태를 만들어야 되는데, 매일 놀고 술 먹고 그러면 향락적으로 하게 되는 거지요.

참고문헌

감모재 종중, 『감모재지』, 페이퍼로드, 2006.

김대유 작, 김학곤 역, 『탁영선생연보』, 페이퍼로드, 2006.

김일손 작, 김학곤 · 조동영 역, 『탁영선생문집』, 탁영선생숭모사업회,
    2012.

김창윤 작, 김헌수 역, 『모천공연보』, 명신출판사, 1997.

김치삼 작, 김학곤 · 조동영 역, 『도연선생문집』, 탁영선생숭모사업회,
    2012.

사동서원보존회, 『사동서원지』, 페이퍼로드, 2010.

권도홍, 『문방청원』, 대원사, 2006.

국립문화재연구소, 『불천위 제례』, 국립문화재연구소, 2013.

민족문화연구소, 『탁영 김일손의 문학과 사상』, 영남대학교 출판부, 1998.

부산대 점필재연구소, 『점필재 김종직과 그의 젊은 제자들』, 지식과교양,
    2011.

송지원, 『한국 음악의 거장들』, 태학사, 2012.

이종범, 『사림열전 2』, 아침이슬, 2008.

강정화, 「탁영 김일손의 지리산 유람과 속두류록」, 『경남학』 31집, 경상대
    경남문화연구센터, 2010.

권경렬, 「탁영 김일손의 문학과 정치적 역할」, 『남명학연구』 20집, 경상대
    남명학연구소, 2005.

조항덕, 「탁영 김일손과 道東書院」, 『한문고전연구』 24집, 한국한문고전
    학회, 2012.

한국학중앙연구원 · 청도군, 디지털청도문화대전(http://cheongdo.grandculture.net),
    2013.